KB269650

리비히가 들려주는 탄소 화합물 이야기

리비히가 들려주는 탄소 화합물 이야기

ⓒ 박국태, 2010

초판   1쇄 발행일 | 2010년 12월 27일
초판 11쇄 발행일 | 2021년 5월 28일

지은이 | 박국태
펴낸이 | 정은영
펴낸곳 | (주)자음과모음

출판등록 | 2001년 11월 28일 제2001-000259호
주   소 | 04047 서울시 마포구 양화로6길 49
전   화 | 편집부 (02)324-2347, 경영지원부 (02)325-6047
팩   스 | 편집부 (02)324-2348, 경영지원부 (02)2648-1311
e-mail | jamoteen@jamobook.com

ISBN 978-89-544-2215-4 (44400)

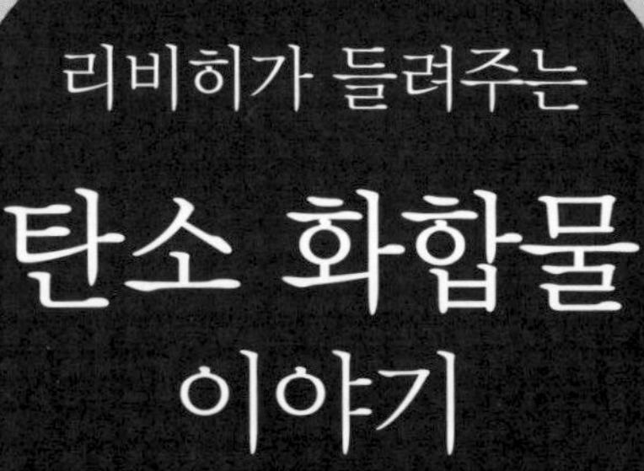

|주|자음과모음

리비히를 꿈꾸는 청소년을 위한
'탄소 화합물' 이야기

우리 주변의 모든 동물과 식물들, 그리고 많은 물질들은 탄소라는 원소를 포함하고 있습니다. 예를 들면, 우리가 매일 먹는 음식과 입는 옷, 아플 때 먹는 의약품, 플라스틱 등은 모두 탄소를 포함하고 있습니다. 또한 우리도 근본적으로 탄소를 기초로 한 생명체입니다.

탄소 이외의 다른 원소를 기초로 한 생명체들이 존재할 수 있을까요? 공상과학 소설에서는 가능하겠지만 실제로는 거의 불가능한 일입니다.

과학자들은 '우리 주변의 동물과 식물들, 그리고 우리의 몸이 어떤 원소들을 포함하고 있을까?' 또한 '원소들이 어떻게 물질을 구성하고 있을까?' 라는 의문들을 해결하기 위하여 많은 실험을 합니다. 이러한 실험을 하기 위해서는 여러 가지 실험 장치가 필요합니다.

탄소를 포함하고 있는 물질인 탄소 화합물을 분석하는 실험 장치를 개발하고 구성 성분을 연구하는 데 가장 중요한 역할을 했던 사람은 독일의 화학자 리비히입니다. 리비히는 탄소 화합물 연구의 기초를 확립하는 데 큰 공헌을 했던 화학자로 '유기 화학의 시조'라고도 불립니다.

화학을 공부할 때 실험과 관찰을 중시한 리비히는 실험 중심의 화학 교육을 창시하여 많은 제자들을 양성하였으며, 단독 혹은 공동 연구를 통해 유기 화학에 수많은 이론을 확립하였습니다.

이 책을 통해 우리 생활 주변의 화합물 중 90% 이상을 차지하고 있는 탄소 화합물에 대하여 호기심을 가질 수 있기를 바랍니다. 아울러 일상생활에서 새로운 기능을 가진 각종 제품의 재료가 실험실에서 과학자의 많은 노력에 의하여 만들어진 것임을 이해할 수 있기를 바랍니다. 또한 우리 주변의 여러 가지 물질에 숨어 있는 과학을 재미있게 공부하는 데 이 책이 도움을 줄 수 있기를 기대합니다.

박 국 태

차례

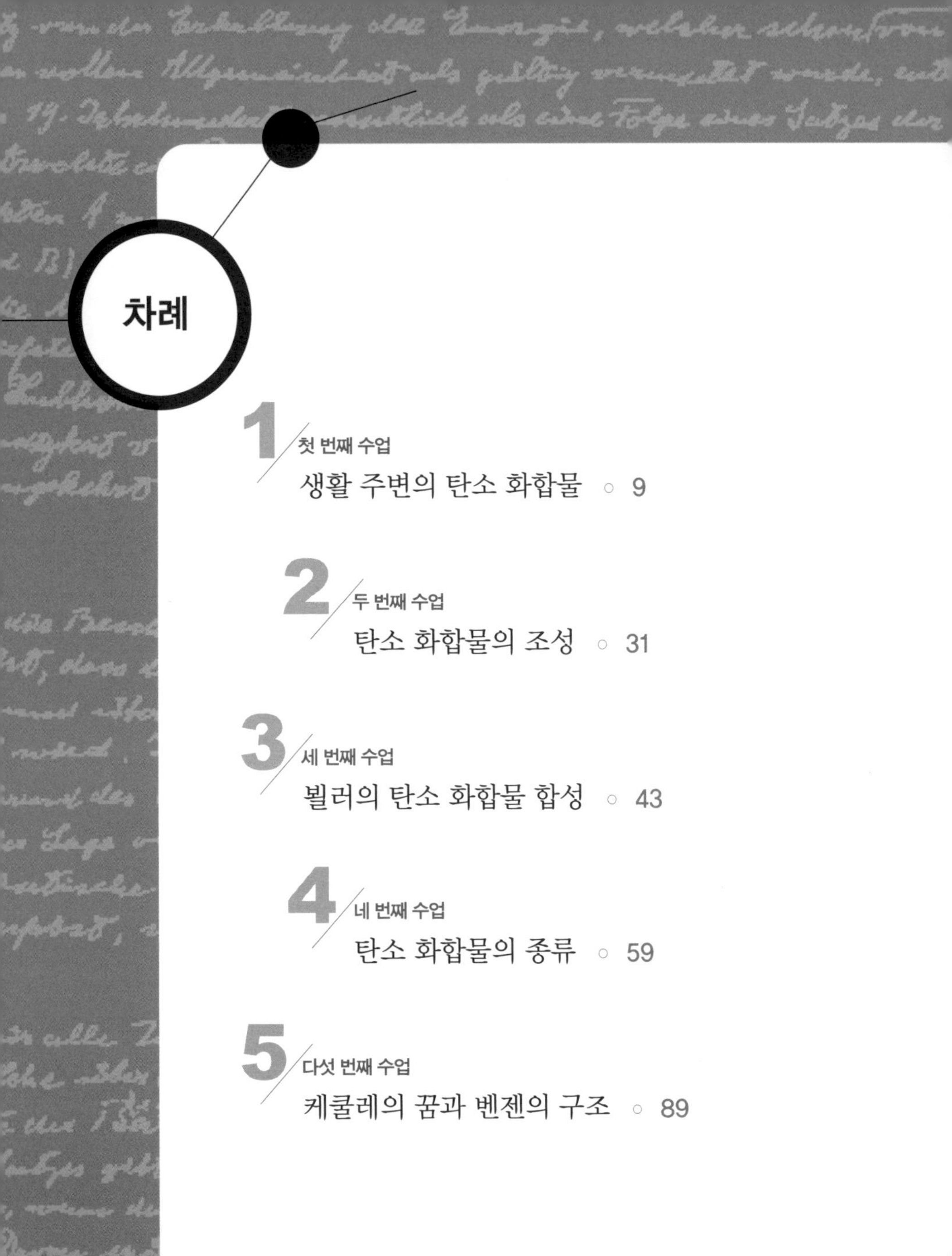

1

생활 주변의 **탄소 화합물**

우리 생활 주변에는 수많은 탄소 화합물들이 있습니다.
어떤 것들이 있는지 알아봅시다.

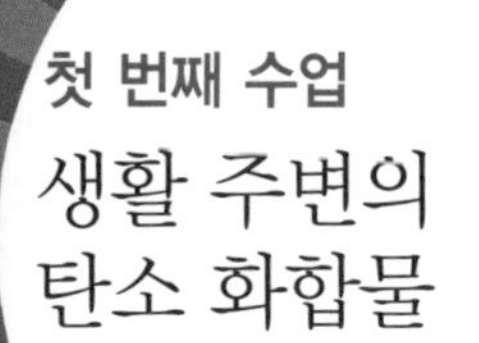

생활 주변의
탄소 화합물

교.	초등 과학 3-1	1. 우리 생활과 물질
과.	중등 과학 3	3. 물질의 구성
		5. 물질 변화에서의 규칙성
연.	고등 화학 Ⅰ	2. 화학과 인간
계.	고등 화학 Ⅱ	5. 물질의 구조

리비히가 자기소개를 하며
첫 번째 수업을 시작했다.

실험복을 입은 리비히

여러분, 안녕하세요? 나는 독일 사람인 리비히(Justus von Liebig, 1803~1873)예요. 나는 항상 실험을 하는 화학자이므로 흰색 실험복을 입고 있지요.

여러분은 학교 실험실에서 실험을 하면서 색깔이 변하거나 기체가 발생하는 경우 '왜 그럴까?' 하고 생각해 본 적이 있나요? 그런 경우 그 이유를 실험을 통해서 밝혀야 하므로, 나는 항상 이렇게 실험복을 입고 있지요.

내 실험복에 구멍이 나 있다고 앞에 앉은 학생이 나를 쳐다
보네요. 정말 좋은 발견을 했어요. 앞으로 훌륭한 화학자가
될 자질이 있는 학생이군요.

내가 실험을 할 때 실험복을 입지 않고 실험을 한다면 어떻
게 될까요? 옷에 구멍이 나서 못 입겠죠? 여러분도 실험실에
서 실험을 할 때는 안전을 위하여 항상 실험복을 입고, 눈을
보호하는 보안경을 꼭 쓰도록 해요. 또한 실험실에서는 장난
을 치면 안 된다는 것을 명심해야 해요.

또 실험실에서 사고가 나는 것을 사전에 방지하기 위해서
실험 전에는 항상 선생님 말씀을 잘 들어야 해요. 잘 알겠죠?

── 네!

대답 소리가 작네요. 다시 한 번 더, 잘 알겠죠?

── 네!!!

대답 소리가 커서 이제 탄소와 탄소 화합물에 대한 이야기를 시작해도 될 것 같군요.

나는 21세에 독일의 기센 대학 교수가 되었어요. 너무 젊은 나이에 교수가 되었다고요? 여러분도 앞으로 과학 실험을 열심히 하면 20세에도 교수가 될 수 있어요. 우리 다 같이 "과학 실험을 열심히 하자!"라고 크게 소리 낸 뒤에 손뼉을 쳐 봅시다. 기분이 한결 좋아지지요?

기센 대학의 교수가 된 후부터 나는 실험 위주의 화학 교육을 위하여 실험실 확충에 노력하였지요. 그리고 모든 실험실을 개방하여 학생들이 실험을 통해 화학을 공부할 수 있게 하였습니다. 그래서 나는 언제나 이른 아침부터 밤늦게까지 학생들과 함께 실험실에서 살다시피 했지요.

여러분도 선생님과 함께 실험을 하면 모르는 것을 물어볼 수 있어 좋지요? 실험하는 것을 좋아하는 학생들은 앞으로 과학 탐구 동아리에 들어가서 선생님과 함께 직접 실험을 해 보도록 해요. 알겠지요?

기센 대학의 교수로 있을 때, 나는 베를린 대학의 뵐러 (Friedrich Wöhler, 1800~1882) 교수와 공동 연구를 하여 탄소 화합물을 연구하는 유기 화학의 기초를 닦는 데 온 힘을 다했어요. 뵐러는 스웨덴의 화학자인 베르셀리우스(Jöns Berzelius, 1779~1848)의 제자이지요.

그리고 나의 실험실에서 공부한 제자들 중에서 케쿨레 (Friedrich Kekulé, 1829~1896)는 벤젠의 구조가 정육각형 의 고리 모양이며, 탄소 화합물을 구성하는 탄소 원자의 원 자가가 4가라는 것을 최초로 제안했어요. 케쿨레 외에도 호 프만(August von Hoffmann, 1818~1892), 윌리엄슨 (Alexander Williamson, 1824~1904), 에를렌마이어(Emil Erlenmeyer, 1825~1909), 펠링(Hermann von Fehling, 1812~1885) 등 수많은 나의 제자들이 유기 화학 발전에 이바 지하였어요.

그리고 내가 기센 대학에서 뮌헨 대학으로 옮긴 후에도 탄 소 화합물에 대한 연구를 계속하였기 때문에 많은 사람들이 나를 '유기 화학의 시조'라고 불러요. '유기 화학의 시조'라 는 것은 탄소 화합물을 연구하는 유기 화학을 처음으로 연 사 람이라는 뜻으로, 유기 화학이라는 학문이 나로부터 시작되 었다는 의미예요. 쉽게 말하자면, 내가 '유기 화학의 아버지'

연소를 통한 탄소 화합물의 조성 분석
베르셀리우스
뷜러와 내가 같이 연구했어요.
뷜러
리비히
최초로 요소를 합성
탄소 화합물의 원자 배열 규명
케쿨레
호프만
에를렌마이어

라는 뜻이에요. 존경스럽다고요? 여러분이 나를 존경한다면 앞으로 내가 하는 이야기를 잘 듣고 훌륭한 화학자가 되는 꿈을 키워 보세요.

앞으로 이야기하게 될 탄소 화합물은 나와 관련이 있는 사람들이 연구한 것이에요. 탄소 화합물의 연소를 통하여 조성을 분석한 것은 뵐러의 스승인 베르셀리우스이고, 탄소 화합물인 요소를 실험실에서 최초로 합성한 뵐러는 나와 공동 연구자예요. 또 벤젠의 구조를 최초로 제안한 케쿨레, 아닐린을 연구한 호프만, 나프탈렌의 구조식을 창안한 에를렌마이어는 나의 실험실에서 공부한 제자랍니다.

자, 지금부터 나와 함께 탄소 화합물이 무엇인지 알아본 뒤, 21세기의 유기 화학을 살펴보기로 해요. 그럼 출발해 볼까요?

탄소 화합물

우리가 살고 있는 지구의 자연계에는 탄소, 수소, 질소 등 92종의 원소가 존재하고 있어요. 그중에서 탄소는 우리 생활 주변에서 흔히 발견할 수 있는 원소 중의 하나로 꽃, 나무,

동물, 인간 등의 생명체뿐만 아니라 생활용품과 바위, 토양, 해양, 대기권 등에서도 발견되는 원소예요. 화학자들은 우리 인간도 근본적으로 탄소를 기초로 한 생명체라고 생각하고 있어요.

그런데 아주 옛날인 기원전에 자연계에는 몇 가지 원소가 있다고 생각을 했을까요?

＿10개쯤 아닐까요?

＿20개는 넘었을 것 같아요.

＿지금과 비슷했을 것 같아요.

여러분이 자연 과학이 발달하지 않은 시대의 옛날 사람이라고 한번 생각해 보세요. 그때는 모든 것을 자연계에서 관찰되는 것으로부터 생각하는 시대였어요.

기원전 고대 그리스의 철학자이자 자연 과학자인 아리스토텔레스(Aristoteles, B.C.384~B.C.322)는 자연계의 모든 물질은 공기, 불, 흙, 물의 4가지 원소로 구성되어 있다는 4원소설을 주장했습니다. 이러한 생각은 실험적인 사실에 기초한 것이 아니라 단지 자연 현상의 관찰만을 근거로 한 것이에요. 이와 같은 아리스토텔레스의 4원소설이 거의 2000년 동안 유럽의 자연 과학계를 지배했지요. 아리스토텔레스 이후에 데모크리토스가 물질은 더 이상 쪼개어질 수 없는 아주 작

4원소설

고대 그리스의 철학자 엠페도클레스에 의해 처음으로 주장되었던 것으로, 모든 물질이 물, 불, 공기, 흙으로 이루어졌다는 가설이다. 이것은 플라톤과 아리스토텔레스에 의해서도 주장되었고, 이후 아리스토텔레스에 의해 '4원소 가변설'로 변형되었다. 4원소 가변설이란 4원소가 가지고 있는 습함과 건조함, 뜨거움과 차가움의 4가지 성질 가운데 하나만 바꿔 주면 다른 원소로 바뀔 수 있다는 것이다.

은 입자로 되어 있다는 원자설을 주장하였지만, 플라톤과 아리스토텔레스의 명성에 밀려 그 후 약 2000여 년간 인정받지 못하였어요. 그러나 1803년 돌턴이 원자설을 제기하면서 사람들은 만물의 근원이 물, 불, 공기, 흙의 4원소에 있는 것이 아니라 원자라는 것을 받아들이게 되었습니다.

한편, 탄소는 여러 가지 다양한 모습으로 우리 주변에 존재하고 있어요. 우리의 몸을 이루고 있는 뼈와 근육에서부터 매일 먹는 음식이나 입는 옷, 그리고 의약품과 플라스틱에 이르기까지 탄소가 포함되지 않은 곳이 거의 없지요. 이러한 탄소를 포함하고 있는 화합물이 탄소 화합물이며, 탄소 화합물을 연구하는 화학의 분야가 유기 화학이고, 유기 화학을 연구하는 사람이 유기 화학자예요.

지금 여러분 주위에 무엇이 있는지 한번 살펴보세요. 어떤 것들이 있나요?

__ 책이 있어요.

__ 노트와 필기도구도 있어요.

__ 옷과 시계도 있어요.

여러분 주위에 있는 거의 대부분의 물건들은 탄소 화합물로 만들어진 것입니다. 우리는 탄소 화합물을 자연으로부터 얻어 일상생활에 직접 이용하거나, 자연으로부터 얻은 탄소 화합물로 새로운 탄소 화합물을 만들어 생활에 필요한 제품들을 만들어 사용하고 있어요.

예를 들면, 매일 사용하는 칫솔과 치약, 입고 있는 옷, 지금 사용하고 있는 학용품, 아플 때 처방받는 의약품 등은 모두 탄소 화합물이에요. 또한 우리가 매일 먹는 음식물과 수많은 가전제품은 물론 가구를 비롯하여 집에서 매일 사용하는 많은 소비재도 대부분이 탄소 화합물을 포함하고 있어요. 특히, 각종 연료로 사용하고 있는 석유와 천연가스는 우리 생활에서 가장 많이 사용하고 있는 탄소 화합물이에요.

따라서 우리 생활 주변의 화합물 중 90% 이상이 탄소 화합물이라고 할 수 있어요. 이러한 탄소 화합물들이 어떤 성

질을 가지며, 왜 그런 성질을 갖는지 실험을 통하여 그 이유를 찾는 것이 나와 같은 유기 화학자가 하는 일이지요.

자연으로부터 얻을 수 있는 탄소 화합물의 자원에는 석유와 천연가스, 석탄 등이 있어요. 석유는 우리 생활에서 각종 연료로 사용되기도 하지만 여러 가지 화학제품을 만드는 석유 화학 공업에서 없어서는 안 될 중요한 원료예요.

유전에서 뽑아 올린 석유를 원유라고 해요. 원유는 탄소와 수소로 이루어진 탄소 화합물들의 혼합물이에요. 정유 공장

우리 주변의 탄소 화합물

에서는 원유를 분별 증류라는 방식을 이용하여 여러 가지 종류의 탄소 화합물들을 분리해 내지요. 그러면 원유의 분별 증류와 석유 화학제품에 대하여 우선 알아보도록 해요.

원유의 분별 증류와 석유 화학제품

오늘날 우리의 생활 양식은 석유와 석유 화학 공업의 발달로 엄청난 변화를 가져왔어요. 석유는 각종 교통수단과 난방의 연료로 사용되고 있으며, 의약품, 플라스틱, 합성 섬유, 합성 고무 등에 이르는 엄청난 화학제품의 원료로서도 매우 중요한 물질이에요.

그렇다면 석유는 어디에서 생산될까요?

＿ 중동의 여러 나라에서 나는 걸로 알고 있어요.

그것은 유전에서 뽑아 올린 원유예요.

원유는 여러 종류의 탄소 화합물이 혼합되어 있는 검은 갈색 또는 청록색을 띤 끈적끈적한 액체 혼합물이에요. 이러한 원유를 유전에서 뽑아 올려 정유 공장에서 분별 증류하여 정제한 것이 석유인데, 분별 증류 과정에서 끓는점의 범위에 따라 분리해 내는 탄소 화합물의 종류가 달라요.

　석유는 아주 옛날인 지질 시대에 바다나 호수에 살던 식물과 동물 등의 생물체들이 땅속에 묻힌 다음, 오랜 세월 동안 화학 변화를 거친 후 생성된 액체 상태의 원유로부터 얻은 탄소 화합물이에요.

　분별 증류는 액체 혼합물에서 끓는점이 서로 다른 화합물을 분리해 내는 것을 말하는 것이에요. 실험실에서는 간단한 분별 증류 장치로 액체 혼합물을 가열하여 발생한 기체를 냉각함으로써 정제된 화합물을 얻을 수 있어요. 이때 기체를 찬물로 냉각하는 기구를 내가 발명하였기 때문에 사람들은 내 이름을 따서 리비히 냉각기라고 해요.

　원유에서 석유를 분리하는 정유 공장에서는 많은 양의 원유를 분별 증류해야 하므로 굴뚝과 같이 높은 분별 증류탑들이 많이 있어요. 다음에 정유 공장으로 견학을 간다면 분별 증류탑을 꼭 확인해 보세요.

　석유는 어떤 용도로 사용되고 있을까요?

　원유의 분별 증류 과정에서 끓는점이 낮은 기체가 먼저 분리되어 나옵니다. 이 기체는 프로페인(프로판)과 뷰테인(부탄)이 주성분이에요. 이것을 높은 압력으로 압축시켜 액체 상태로 만든 것이 액화 석유 가스(liquefied petroleum gas), 즉 LPG라고 하는 것인데 가정용이나 공업용 및 자동차용 연료

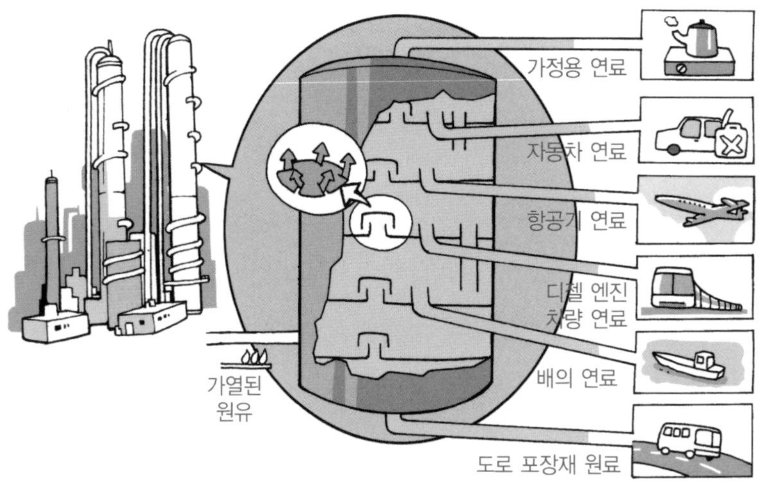

정유 공장의 분별 증류탑

로 많이 사용하고 있어요.

　기체 다음에는 액체 상태의 휘발유, 등유, 경유, 중유의 순서로 분리되어 나옵니다. 그리고 분별 증류탑 밑의 찌꺼기 기름에서 윤활유와 왁스가 나오고, 타르 형태의 아스팔트가 마지막으로 나오지요.

　원유의 분별 증류로 분리해 낸 휘발유는 가솔린이라고도 하며, 끓는점이 낮아 기체가 되기 쉬운 액체 상태로 자동차와 비행기 등의 연료로 많이 사용되고 있습니다. 그리고 등유는 가정용 연료로 이용되고 있고, 경유는 버스나 트럭 등 대형 자동차의 디젤 기관 연료로 사용되고 있어요. 중유는

선박용 대형 디젤 기관과 공장이나 화력 발전소의 연료로 사용되고 있어요.

원유의 분별 증류로 얻을 수 있는 휘발유의 양은 원유의 약 20% 정도인데, 자동차의 폭발적인 증가로 인하여 훨씬 더 많은 양의 휘발유가 필요하게 되었습니다. 따라서 촉매를 사용하여 중유나 경유를 높은 온도와 압력에서 분해하는 과정을 통해 더 많은 휘발유를 얻어 내기도 하는데, 이것을 크래킹(cracking)이라고 해요. 이때 촉매는 자신은 변하지 않으면서 화학 변화를 빠르게 또는 느리게 일어나도록 하는 물질이지요.

원유의 분별 증류로 분리해 낸 휘발유 중에서 자동차나 비행기의 연료로 사용하지 않은 것을 나프타(naphtha)라고 해요. 나프타는 정유 공장이나 석유 화학 공장에서 생산하는 물질이나 제품의 매우 중요한 원료로 사용되고 있어요. 촉매를 사용하여 나프타를 고온으로 가열하면 분해가 일어나 에텐(에틸렌), 프로펜(프로필렌), 뷰타다이엔 등과 같은 석유 화학 공업의 기초 원료를 얻을 수 있어요. 이들은 화학 공장에서 합성수지, 합성 고무, 합성 섬유 등을 만드는 원료로 사용되고 있어요.

오늘날 우리 생활에 필요한 다양한 생활용품의 원료를 대

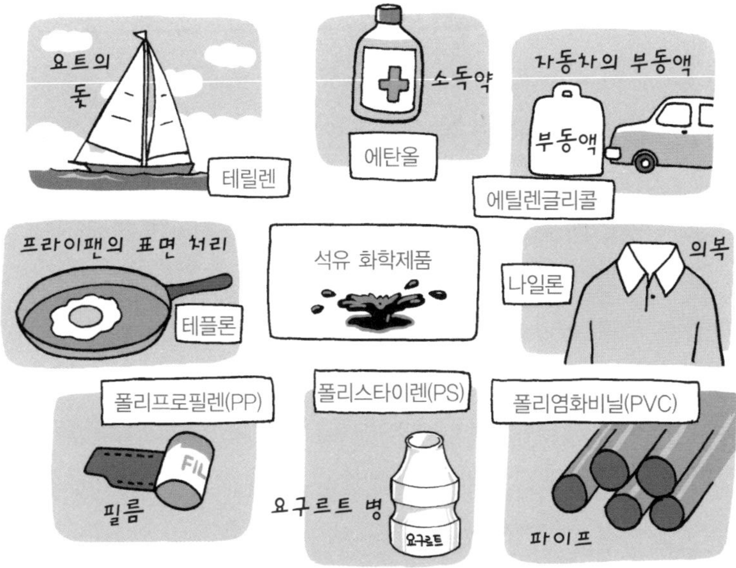

여러 가지 석유 화학제품

부분 석유에서 얻고 있습니다. 그렇기 때문에 인류의 문명 생활이 계속되는 한, 석유 자원의 소비는 결코 줄어들지 않을 거예요. 그러나 지구 상의 석유 매장량에는 한계가 있으므로, 우리는 석유로부터 만들어진 제품을 사용할 때 항상 아껴 쓰는 생활 태도를 가져야 해요.

그리고 휘발유, 등유, 경유, 중유 등의 연소로 발생하는 지구 온난화와 대기 오염 문제도 심각합니다. 따라서 신·재생 에너지 개발과 지구 온난화 및 대기 오염 문제는 우리 모두가

함께 해결해야 할 과제예요. 여러분도 이러한 문제의 해결을 위하여 노력해야 해요.

주로 도시의 가정용 연료로 사용되는 액화 천연가스는 어디에서 생산이 되며, 주성분은 무엇일까요?

원유를 뽑아 올리는 유전이나 가스를 뽑아 올리는 가스전에서 산출되는 천연가스의 주성분은 메테인(메탄)이에요. 이 천연가스를 낮은 온도와 높은 압력으로 압축하여 액체로 만든 것이 액화 천연가스(liquefied natural gas), 즉 LNG이며 도시 가스라고도 불러요.

액화 천연가스는 매우 낮은 온도에서 천연가스를 액체로 만든 것이기 때문에 액체로 만드는 과정에서 대부분의 불순

물이 제거되어요. 따라서 액화 천연가스가 연소되면 이산화
탄소와 물만 생기므로 친환경 연료라고 할 수 있어요. 그러
므로 발전용 연료로도 사용되고 있어요.

$$CH_4 \ + \ 2O_2 \ \rightarrow \ CO_2 \ + \ 2H_2O \ + \ 890 \, kJ$$

메테인　　　산소　　　이산화탄소　　　물　　　　발열량

한국의 지방 자치 단체에서는 대기 오염 방지와 연료비 절
감 등을 위해 천연가스를 연료로 사용하는 버스를 운행하고
있어요.

천연가스 자동차는 연료의 사용 형태에 따라 압축된 천연
가스를 연료로 사용하는 압축 천연가스(compressed
natural gas), 즉 CNG 자동차와 액체 상태의 천연가스를
사용하는 액화 천연가스(LNG) 자동차로 구분합니다. 이들
모두를 일컬어 일반적으로 천연가스 자동차(natural gas
vehicle), 즉 NGV라고 해요.

현재 운행 중인 천연가스 버스는 압축 천연가스를 사용하
는 자동차이므로 CNG 버스라고 해요. 여러분 동네에서 운
행되고 있는 버스가 CNG 버스인지를 각자 확인해 보세요.

이렇게 자연으로부터 얻은 탄소 화합물의 자원인 석유와

CNG 버스

천연가스는 매장량이 무한한 것이 아니므로 자동차의 연료나 난방용 연료로 마구 사용하면 천연자원은 완전히 사라지는 것이에요. 그러므로 가정에서 자동차의 운행을 줄이기 위해서는 대중교통을 주로 이용하고, 가까운 거리는 걸어 다니며 자전거 타기를 생활화해야 해요. 모두 잘 알겠죠?

__ 네!

대답 소리가 작네요. 다시 한 번 더, 잘 알겠죠?

__ 네!!!

오늘 수업은 여기서 마치고, 다음 시간에는 탄소 화합물의 조성에 대해 알아보기로 해요.

선생님, 어디 가세요?
연구소에 가고 있어요. 헉헉!
아니 차로 가면 금방 갈 텐데, 왜 힘들게 자전거를 타고 가세요?

석유와 천연가스 같은 탄소 화합물은 매장량이 유한하니까, 자동차의 운행을 줄이고 대중교통이나 이런 자전거를 이용해야 해요.
그렇군요. 그럼 건강에도 좋겠어요.
그런데 정확히 탄소 화합물이 뭐죠?

탄소는 우리들의 몸을 이루고 있는 뼈와 근육에서부터 음식이나 옷, 그리고 의약품과 플라스틱에 이르기까지 탄소가 포함되지 않은 곳이 거의 없지요.
와~, 그렇게나 많은 곳이에요?
생활 주변의 탄소 화합물

네. 이렇게 탄소를 포함하고 있는 화합물이 탄소 화합물이며, 탄소 화합물을 연구하는 화학의 분야를 유기 화학이라 하고, 유기 화학을 연구하는 사람을 유기 화학자라고 하죠.
그럼 선생님도 유기 화학자이 셨군요.
유기 화학자
유기 화학
탄소 화합물
C

맞아요. 특히 석유는 자연으로부터 얻을 수 있는 탄소 화합물인데, 연료뿐 아니라 석유 화학제품을 만드는 데도 중요한 원료로 쓰이고 있죠.
그럼 석유는 어디에서 생산되나요?
석유 화학제품들

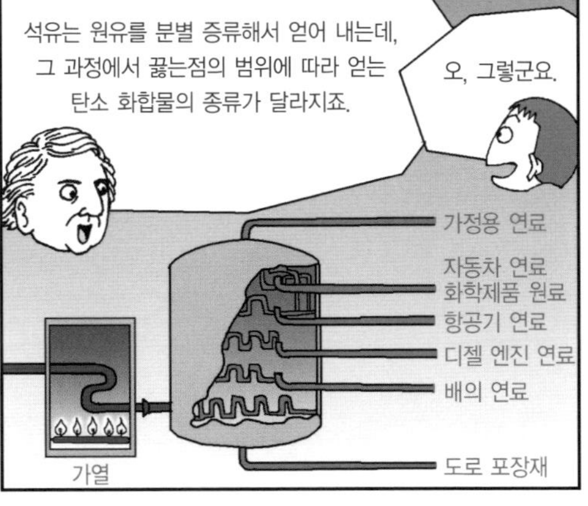
석유는 원유를 분별 증류해서 얻어 내는데, 그 과정에서 끓는점의 범위에 따라 얻는 탄소 화합물의 종류가 달라지죠.
오, 그렇군요.
가정용 연료
자동차 연료
화학제품 원료
항공기 연료
디젤 엔진 연료
배의 연료
도로 포장재
가열

2

탄소 화합물의 조성

지금까지 알려진 탄소 화합물의 수는 수천만 개예요.
이러한 탄소 화합물은 무엇으로 구성되어 있을까요?

탄소 화합물의 조성

리비히가 탄소의 중요성을 강조하며
두 번째 수업을 시작했다.

탄소 화합물의 조성

지구의 자연계에는 92종의 원소가 존재하지만, 가장 많은 화합물을 만드는 원소는 탄소예요. 지금까지 알려진 탄소 화합물의 수는 수천만 개나 되지요. 지금 이 시간에도 전 세계의 많은 화학자들은 새로운 탄소 화합물을 만들려고 실험실에서 이른 아침부터 밤늦게까지 연구를 하고 있어요.

그동안 많은 화학자들은 탄소 화합물의 조성과 구조, 즉 탄소 화합물이 어떤 원소들로 구성되어 있는지와 어떤 모양인

지를 알아보기 위하여 여러 가지 실험을 했습니다. 또한 탄소로 어떻게 많은 탄소 화합물을 만들 수 있는지에 대하여 연구했지요.

그렇다면 탄소 화합물이 어떤 원소로 구성되어 있는지를 어떻게 알 수 있을까요?

그것을 알아보기 위해서는 알아보고 싶은 탄소 화합물을 정제하여 분석을 해야만 합니다. 탄소 화합물의 조성을 알아보기 위해서는 먼저 탄소 화합물에 들어 있는 불순물을 제거해야 하지요. 이렇게 화합물에서 불순물을 제거하는 것을 정제라고 해요. 정제된 탄소 화합물이 어떤 원소로 구성되어 있는지는 실험을 통해서 분석을 해야 하는데 쉬운 일이 아니에요.

　가장 간단한 분석 방법은 정제된 탄소 화합물의 무게를 달고, 산소 기체 속에서 태울 때 발생하는 이산화탄소와 물의 무게를 측정하는 것입니다. 이렇게 구한 이산화탄소와 물의 무게로부터 탄소 화합물을 구성하고 있는 탄소와 수소의 양을 알 수 있지요. 이 실험은 탄소와 수소를 포함하고 있는 탄소 화합물이 산소 기체 속에서 탈 때 이산화탄소(CO_2)와 물(H_2O)을 생성한다는 원리를 이용한 것으로 연소 분석법이라고 해요.

연소 분석 장치

1786년에 라부아지에(Antoine Lavoisier, 1743~1794)는 연소 분석법을 사용하여 탄소 화합물인 알코올이 탄소와 수소 및 산소로 구성되어 있다는 것을 최초로 알아냈어요.

그리고 베르셀리우스는 1814년부터 연소 분석법으로 그 시대에 알려져 있던 수백 가지의 탄소 화합물의 조성을 분석하여 많은 탄소 화합물의 분자식, 즉 탄소 화합물을 구성하는 원자의 종류와 원자의 수를 나타내는 식을 알아냈습니다.

탄소 화합물을 구성하는 원자들 사이에는 어떤 관계가 있을까요?

연소 분석법을 이용하여 유기 화학의 체계를 세운 베르셀리우스는 1815년에 탄소 화합물들을 구성하는 원자들의 무게 사이의 상관관계를 실험적으로 분석했습니다. 그는 실험적인 분석에 기초하여 탄소 화합물이 많은 수의 원자들로 구성되어 있으며, 사람이 만들 수 없다고 했지요.

그리고 아무리 분자식이 복잡한 탄소 화합물일지라도 화학 결합의 법칙을 따른다고 했어요. 즉, 탄소 화합물을 구성하는 원자들이 일정한 화학 결합의 법칙에 의하여 결합한다고 했어요.

또한 베르셀리우스는 탄소 화합물이 탄소 원자와 수소, 질소, 산소 등의 원자로 구성되어 있으며, 정전기적 힘에 의하여 서로 결합하고 있다고 가정했습니다. 이러한 베르셀리우스의 가설이 탄소 화합물에 대한 연구를 유발하여 새로운 연구 결과들을 얻도록 하는 역할을 하였어요.

따라서 많은 사람들은 탄소 화합물을 연구하는 유기 화학이 베르셀리우스로부터 시작되었다고 이야기해요. 다시 이야기하면, 베르셀리우스가 탄소 화합물에 대한 연구를 체계적으로 시작했다는 말이에요.

여러분도 잘 알겠지만 과학에서 새로운 분야의 연구를 시작하는 것은 도전적이고 창의적인 생각과 많은 노력이 필요합니다. 그러므로 베르셀리우스는 창의적으로 탄소 화합물을 연구하는 유기 화학을 시작한 것이지요. 그렇지만 그는 살아 있는 생명체만이 탄소 화합물을 만들 수 있다고 생각하였기 때문에 탄소 화합물을 인공적으로 만들려고 노력하지는 않았어요.

그렇다면 누가, 어떻게 탄소 화합물을 인공적으로 만들었을까요?

1828년에 뵐러는 탄소 화합물을 인공적으로 만들 수 없다는 개념을 바꾸는 실험을 하였어요. 그는 실험실에서 사이안산암모늄(NH_4OCN)을 가열하여 사람이나 동물만이 만들 수 있다고 생각한 탄소 화합물인 요소(NH_2CONH_2)를 만들었어

요. 뵐러는 실험실에서 탄소 화합물을 인공적으로 만드는 데 최초로 성공하였습니다. 뵐러의 탄소 화합물 합성에 대해서는 세 번째 수업에서 자세하게 알아보도록 해요.

탄소 원자는 다른 탄소 원자나 원자와 어떻게 결합을 하며, 탄소 화합물의 종류가 많은 이유는 무엇일까요?

1858년에 쿠퍼(Archibald Couper, 1831~1892)는 탄소 원자가 다른 탄소 원자와 결합하여 사슬을 형성할 수 있으며, 탄소 원자는 4개의 수소 원자와 결합하거나 또는 2개의 산소 원자와 결합할 수 있다고 제안했습니다. 그는 탄소 원자가 다른 탄소 원자와 결합하여 탄소 원자 사슬을 형성하는 것이 탄소 화합물의 구조에서 매우 중요하다고 했지요.

이러한 쿠퍼의 탄소 결합 형태에 대한 제안이 논의되는 동안에 나의 제자인 케쿨레도 1858년에 탄소 원자는 다른 탄소 원자와 결합할 수 있으며, 최대로 4개의 다른 원자들과 결합할 수 있다는 제안을 하였어요. 즉, 탄소 원자는 원자가가 4가로 다른 원자들과 최대로 4개의 결합을 할 수 있다는 것을 제안했어요.

탄소 화합물을 구성하는 탄소 원자의 원자가가 4가라는 것은 다른 탄소 원자나 원자와 결합할 수 있는 팔이 4개라는 뜻이에요. 다시 이야기하면, 탄소 원자는 다른 탄소 원자나 수

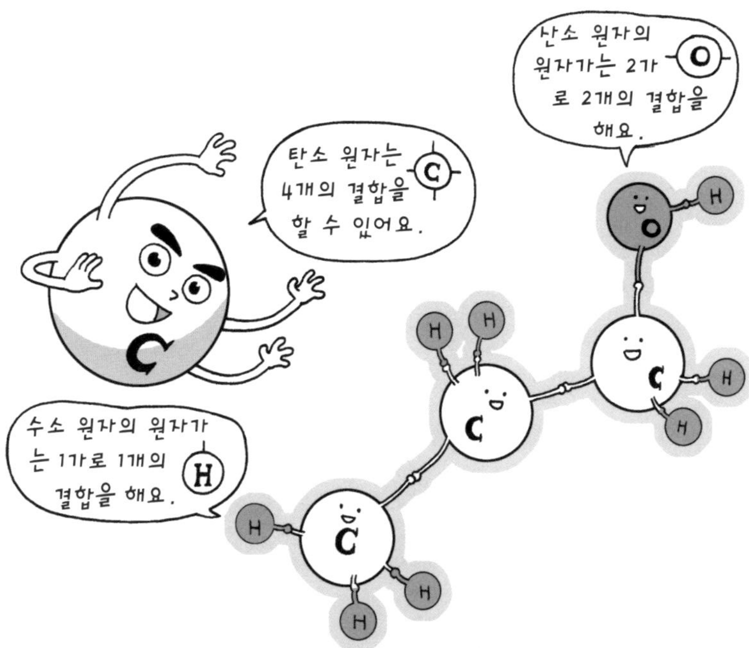

소 원자, 산소 원자 등과 4개의 팔로 결합할 수 있어요.

또한 탄소 원자는 탄소 원자들끼리 연속적으로 결합하여 다양한 구조를 이루므로 여러 가지 종류의 수많은 탄소 화합물이 존재할 수가 있어요.

케쿨레가 탄소 원자의 원자가가 4가라고 제안함으로써 탄소 원자의 결합 형태와 탄소 화합물의 구조에 대한 그동안의 많은 의문들이 해결되어, 탄소 화합물을 연구하는 유기 화학이 급속도로 발전하게 되었어요.

　이러한 케쿨레의 공로로 탄소 화합물은 일정한 유형으로 배열되는 원자들로 구성되어 있으며, 탄소 화합물의 성질은 탄소 화합물을 구성하는 원자들의 수와 종류뿐만 아니라 원자들이 배열된 방법에 따라서도 달라진다는 것을 알았어요.

　이렇게 탄소 화합물들의 조성과 구조가 알려지면서 탄소 화합물의 물리적 및 화학적 성질을 구조와 서로 연관시킬 수 있었어요. 그리고 화학자들은 그들이 원하는 특성을 갖는 탄소 화합물들을 인공적으로 만들기 시작하였어요.

　이상에서 살펴본 바와 같이 탄소 화합물의 조성과 구조를 밝히기 위하여 그동안 많은 화학자들이 노력을 하였지요.

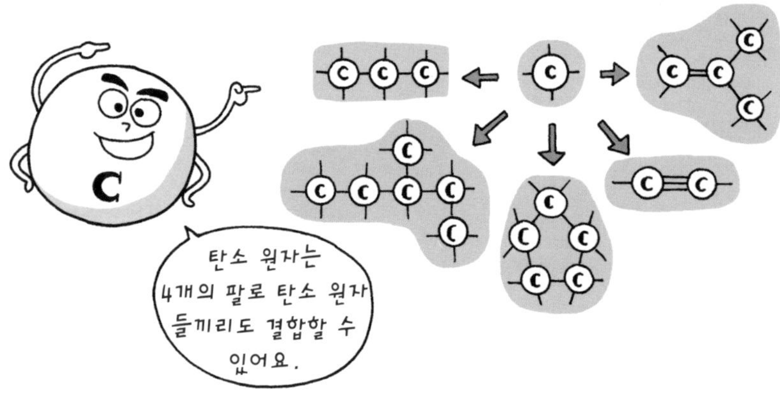

과학자의 비밀노트

탄소 화합물 연구의 역사

- 라부아지에(Antoine Lavoisier, 1743~1794): 1786년에 탄소 화합물인 알코올의 조성을 연소 분석법을 사용하여 최초로 규명하였다.
- 베르셀리우스(Jöns Berzelius, 1779~1848): 1814년부터 연소 분석법으로 수백 가지의 탄소 화합물의 구성 성분을 분석하여 탄소 화합물의 분자식을 알아냈고, 탄소 화합물을 구성하는 원자들이 일정한 화학 결합의 법칙에 의하여 결합한다고 하였다. 또한 1831년에 두 가지 화합물이 똑같은 조성 즉 분자식을 가지고 있으나 서로 다른 화합물인 이성질체가 존재하는 것을 이성질 현상이라고 하였다.
- 게이뤼삭(Joseph Gay-Lussac, 1778~1850): 1811년에 설탕류, 녹말류, 목재류 및 고무류에는 수소 원자와 산소 원자가 물(H_2O)에서와 똑같은 비율로 존재한다는 것을 발견하였는데, 이러한 물질들을 탄소의 수화물 또는 탄수화물이라고 한다. 1814년에는 탄소 화합물의 성질은 원자들의 수와 특성뿐만 아니라 원자들의 배열에 의해서도 결정된다는 것을 밝혀냈다. 그리고 1816년에는 두 가지 종류의 타르타르산(일명 주석산), 즉 이성질체가 존재한다는 것을 발견하였다.
- 뵐러(Friedrich Wöhler, 1800~1882): 1828년에 실험실에서 무기 화합물인 사이안산암모늄을 가열하여 유기 화합물인 요소를 최초로 합성하였다.
- 쿠퍼(Archibald Couper, 1831~1892): 1858년에 탄소 원자가 다른 탄소 원자와 결합하여 사슬을 형성하며, 탄소 원자가 4개의 수소 원자와 결합하거나 2개의 산소 원자와 결합한다고 제안하였다.
- 케쿨레(Friedrich Kekulé, 1829~1896): 1858년에 탄소 원자의 원자가가 4가라는 것을 제안하였고, 벤젠은 육각형을 이루는 고리 구조를 갖고 있다고 제안하였다. 이로부터 유기 화학이 급속도로 발전을 하게 되어, 원하는 특성을 갖는 탄소 화합물을 인공적으로 만들기 시작하였다.

만화로 본문 읽기

선생님, 탄소 화합물은 어떤 원소로 구성되어 있나요?
그것을 알아보기 위해서는 먼저 탄소 화합물에 들어 있는 불순물을 제거해야 하는데, 이것을 정제라고 해요.

정제된 탄소 화합물이 어떤 원소로 구성되어 있는지는 실험을 통해서 분석을 해야 되는데, 쉬운 일이 아니죠.
좀 간단한 방법은 없을까요?
쉬운 일이 아닌걸….

라부아지에는 연소 분석법으로 알코올이 탄소, 수소, 산소로 구성되어 있다는 걸 알아냈고, 베르셀리우스는 수백 가지의 탄소 화합물을 구성하는 원자의 종류와 원자의 수를 나타내는 분자식을 알아냈지요.
연소 분석법이 뭔가요?
라부아지에
베르셀리우스

탄소 화합물을 산소 기체 속에서 태울 때 발생하는 이산화탄소와 물의 무게를 측정하는 것이지요.
그렇군요. 그런데 선생님, 탄소 화합물의 종류는 왜 그렇게 많은 건가요?

그건 탄소 원자의 원자가가 4가라서 그래요. 즉 다른 탄소 원자나 원자와 결합할 수 있는 팔이 4개라는 뜻이죠. 또한 탄소 원자들끼리 연속적으로 결합하여 다양한 구조를 이루기도 하지요.
나는 4개의 팔로 다른 원자와 결합할 수 있지.
C

탄소 원자의 원자가가 4가라고 제안한 과학자는 누구인가요?
독일의 유기 화학자 케쿨레예요. 그의 제안으로 탄소 원자의 결합 형태와 탄소 화합물의 구조에 대한 그동안의 많은 의문이 해결되었죠.
탄소 원자는 다른 원자들과 최대로 4개의 결합을 할 수 있어요!

3

뵐러의 탄소 화합물 합성

세계 최초로 탄소 화합물을 인공적으로 만든 사람은 누구일까요?
그리고 그가 만든 탄소 화합물은 무엇일까요?

세 번째 수업

뵐러의
탄소 화합물 합성

리비히가 탄소 화합물의 합성에 대해 알아보자며 세 번째 수업을 시작했다.

1800년대 초까지만 하더라도 동물과 식물의 생물체를 구성하는 탄소 화합물은, 생명체의 독특한 생명력이라 부르는 자연의 신비로운 요소에 의해서만 만들어질 수 있다고 믿었습니다. 그러나 화학이 발달하면서 탄소 화합물을 비롯한 생명체를 구성하는 화합물을 인공적으로도 만들 수 있게 되었지요.

그러면 인류는 어떻게 일상생활에서 필요한 물질들을 얻었으며, 언제부터 탄소 화합물을 인공적으로 만들었을까요? 지금부터 탄소 화합물의 합성에 대해 살펴보도록 해요.

인류는 아주 오래전인 선사 시대부터 포도즙이나 전분을 발효시켜 술 즉 알코올을 얻었으며, 술을 변화시켜 식초를 만들어 사용하였어요. 그리고 기원전에도 비누와 설탕을 사용하였습니다.

그러나 연금술 즉 납과 같은 금속으로 값비싼 금을 만들려고 시도한 기술이 성행하던 중세 시대까지도 탄소 화합물에 대한 지식이 전혀 없었어요.

연금술 시대의 말기인 1675년에 파리의 약사 레메리(Nicolas Lémery, 1645~1715)가 만든 세계 최초의 화학 교과서에서는 물질을 동물과 식물 및 광물로 분류하였어요. 이 무렵에 알코올과 황산을 가열하여 에테르(에터)를 처음으로 만들었고, 호박과 안식향을 건류(乾溜)하여 호박산(석신산)과 안식향산(벤조산)을 만들었어요. 또한 포도주를 제조할 때 나오는 주석을 원료로 하여 주석산(타르타르산)의 염류를 만들었고, 아세트산칼륨, 아세트산납, 아세트산아연 등의 아세트산의 염류를 의약품으로 사용하였어요.

1700년도 후반부터 상당히 많은 탄소 화합물이 발견되고 제조되었어요. 사과로부터 사과산(말산), 썩은 우유로부터 젖산(락트산), 레몬으로부터 구연산(시트르산) 등의 탄소 화합물을 얻었어요. 또한 오줌으로부터 요소, 담석으로부터 콜레스테롤, 박하유로부터 멘톨 등도 얻었어요. 그리고 올리브유의 가수 분해로 글리세린이 제조되었으며, 아세트산에틸과 같은 에스터도 제조되었어요.

1808년에 베르셀리우스는 생명이 있는 동물과 식물, 즉 생물체가 만드는 탄소 화합물을 유기 화합물이라 하였고, 생명체와 관계없이 생성되는 것을 무기 화합물이라고 처음으로 제안하였습니다.

그 이후부터 화학자들은 유기 화합물을 가열하거나 또는 다른 처리에 의하여 무기 화합물로 변환시킬 수는 있으나, 반대로 무기 화합물로부터는 유기 화합물을 생성할 수 없다

고 생각하였습니다. 유기 화합물은 단지 동물과 식물의 생물체에 있는 생명력이라고 부르는 특수한 힘의 작용에 의해서만 만들어지는 것이라고 믿었지요. 이러한 생각이 오랫동안 많은 화학자의 머리를 지배하였기 때문에 어느 누구도 무기 화합물로부터 유기 화합물을 인공적으로 만들려는 시도를 하지 않았어요.

그렇다면 누가 무기 화합물로부터 유기 화합물을 최초로 합성하였을까요?

1828년에 베르셀리우스의 제자인 뵐러는 그 당시 무기 화합물로 알려져 있던 사이안산암모늄(NH_4OCN)을 가열하여 유기 화합물인 요소($(NH_2)_2CO$)를 만드는 데 성공하였습니다. 요소는 동물의 단백질 대사 과정에서 나오는 배설물로, 우리의 오줌에 포함되어 있어요. 뵐러의 요소 합성 이전까지 화학자들은 요소가 동물의 대사 과정에서만 나온다고 생각하였습니다.

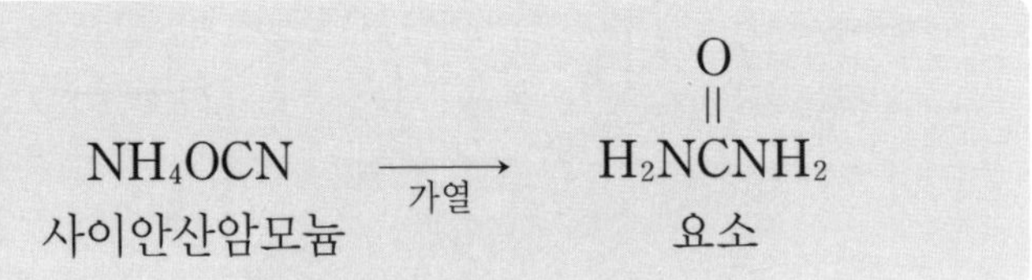

뵐러의 요소 합성 반응식

　요소는 동물의 오줌에 포함되어 있는 대표적인 유기 화합물인데, 이것을 무기 화합물인 사이안산암모늄으로부터 합성해 낸 것은 뵐러 자신에게 있어서도 큰 놀라움이 아닐 수 없었지요. 그는 자신의 스승인 베르셀리우스에게 다음과 같은 내용의 편지를 보냈습니다.

저는 사람이나 개와 같은 동물의 신장의 힘을 빌리지 않고 요소를 만들 수가 있었습니다. 사이안산암모늄으로부터 요소를 만든 것입니다.

비록 뵐러가 무기 화합물로부터 단 한 가지의 유기 화합물

을 인공적으로 만들었지만, 유기 화합물이 생명체에 의해서
만 만들어질 수 있다는 학설을 타파시키는 데 크게 공헌을 하
였습니다. 그것은 유기 화합물을 인공적으로 만드는 데 하나
의 생명을 불어 넣어준 것과 같은 획기적인 사건이었어요.

뵐러가 요소를 실험실에서 인공적으로 만든 후 많은 화학
자들이 유기 화합물 합성, 즉 유기 화합물을 인공적으로 만
드는 것에 대한 연구를 시작하였어요. 그리고 10여 년이 지
난 후 콜베(Adolph Kolbe, 1818~1884)와 베르텔로(Pierre
Berthelot, 1827~1907) 등이 탄소, 수소 및 그 밖의 원소들
로부터 직접적으로 유기 화합물을 합성함으로써, 유기 화합
물 합성에 생명체의 생명력이 필요하다는 학설이 화학자의
머리에서 사라지게 되었어요.

콜베는 뵐러의 제자로 1845년에 식초산(아세트산)의 구성
원소인 탄소, 수소, 산소로부터 최종 생성물인 식초산까지의
화학 변화를 확실히 알 수 있는 합성 방법을 사용하여 식초산
을 합성하는 데 성공하였어요.

그리고 베르텔로는 1850년대에 유기 화합물 합성을 조직
적으로 기획하여 많은 유기 화합물을 합성하는 데 성공하였
습니다. 그중에는 메틸알콜, 에타인(아세틸렌) 등의 유기 화합
물이 포함되어 있었어요. 이렇게 하여 생물체의 생명력 없이

도 유기 화합물을 인공적으로 만들 수 있다는 것이 실험적으로 증명되었어요. 그 이후 화학자들이 수백만 가지의 유기 화합물을 실험실에서 합성하였어요.

이처럼 유기 화합물의 합성은 실험실에서 무기 화합물을 가열하여 유기 화합물을 만드는 데 성공한 뵐러의 실험으로부터 시작된 것입니다. 따라서 오늘날 많은 유기 화학 교과서에 뵐러의 실험이 소개되어 있어요.

그럼 지금부터는 뵐러의 생애와 나와의 우정에 대하여 알아보도록 해요.

뵐러의 생애

뵐러는 1800년 7월 31일, 독일의 프랑크푸르트에서 태어났습니다. 그의 아버지는 그 지방에서 덕망이 높고 부유한 사람으로서, 어려서부터 과학, 어학, 예술, 체육 등의 여러 분야에서 훌륭한 교육을 받았어요. 어릴 적에 뵐러는 퍽 온순하고 조용한 성격을 가졌고, 공부를 열심히 하였다고 해요.

뵐러는 의학을 공부하기 위하여 마르부르크 대학에 입학했다가 1년 후에 하이델베르크 대학으로 옮겨가 1823년 9월 2

일에 의사가 되었어요. 하이델베르크 대학 재학 중에 뵐러는 그멜린(Leopold Gmelin, 1788~1853) 교수로부터 화학을 지도받았어요.

대학 졸업 후에 뵐러는 아버지의 소원대로 큰 병원의 의사로 취직하려고 하였으나, 그멜린 교수의 권유로 1823년 10월에 스웨덴 스톡홀름에 가서 베르셀리우스로부터 직접 화학 지도를 받게 되었어요. 그리고 1년 후에 독일로 돌아와서 베를린 공업학교에서 화학을 가르쳤어요.

뵐러는 1827년에 최초로 알루미늄을 발견하였으며, 다음 해인 1828년에는 유명한 요소 합성에 성공하였던 것입니다. 그 후 1832년에 캇셀 공업학교로 옮겼으며, 1836년에는 괴팅겐 대학의 화학 교수가 되었어요.

뵐러는 괴팅겐 대학에서 40여 년 동안 교수로 생활을 하면서 유명한 화학자인 콜베와 피티히(Rudolf Fittig, 1835~1910), 그리고 바일슈타인 등 수많은 화학자를 길러냈어요. 특히 바일슈타인(Friedrich Beilstein, 1838~1906)이 상트페테르부르크 대학의 교수가 되어 40년에 걸쳐 만든 《유기 화학 편람》은 유기 화학을 공부하는 사람들이 항상 이용하는 책으로, 탄소 화합물을 연구하는 유기 화학에서는 보배와도 같은 것이지요.

뷜러의 일생에서 뷜러에게 가장 인연이 깊고 잊지 못할 사람으로는, 오랜 친구 사이인 나 리비히와 스승인 베르셀리우스 두 사람을 들 수 있어요.

베르셀리우스의 제자들이 헤아릴 수 없이 많았지만 그중에서 뷜러만큼 베르셀리우스의 신임과 사랑을 받은 사람은 없었어요. 그리고 뷜러 자신도 스승인 베르셀리우스를 변함없이 존경하여 스승과 제자 사이의 정이 무척이나 아름다웠다고 해요.

뷜러가 죽기 얼마 전에 자기를 찾아온 한 친구에게 자기가

가장 소중하게 간직하였던 상자를 준 일이 있었어요. 뵐러는 그 상자를 주면서, 자기의 유물로 생각해 달라고 부탁을 하였어요. 그 친구가 나중에 상자를 열어 보았더니, 그 속에 굉장히 오랫동안 실험실에서 쓰던 백금 약숟가락이 하나 들어 있었어요. 그리고 거기에는 '베르셀리우스 선생님으로부터의 하사품, 선생님이 가장 사랑하시던 약숟가락' 이라고 쓰여 있었다고 해요. 이와 같이 스승에 대한 뵐러의 존경과 흠모는 그 누구보다도 강렬하였습니다.

여러분도 누구를 좋아하고 존경하는 경우에 그 사람이 준 선물을 오랫동안 간직하게 되지요? 뵐러도 여러분과 같은 마음이었던 것입니다.

나와 뵐러 사이의 우정은 역사상 그 유례를 찾아볼 수 없다고 말할 정도였어요. 독일에서는 과학자의 우정으로 나와 뵐러의 예를, 문학자의 우정으로 괴테(Johann Wolfgang von Goethe, 1749~1832)와 실러(Johann Friedrich von Schiller, 1759~1805)의 예를 흔히 들고 있으므로 어느 정도인지를 예상할 수 있겠지요?

우리의 우정은 비슷한 시기에 비슷한 연구를 하면서 시작되었습니다. 내가 파리의 소르본 대학에서 게이뤼삭 교수의 지도를 받아 연구한 폭발물인 풀민산은(AgONC)의 조성과 뷜러가 베르셀리우스 교수의 지도를 받아 연구한 사이안산은(AgOCN)의 조성이 우연히도 똑같은 이성질체라는 사실이 나중에 밝혀져 뷜러와 나는 세상에서 둘도 없는 친구가 되었어요.

그 시작은 뷜러가 마르부르크 대학에서 의학을 공부하고 있을 때로 거슬러 올라갑니다. 자신의 방에 하숙집 주인아주머니가 자주 들어와 공부에 방해가 되므로, 이것을 막기 위해 곰곰이 궁리한 끝에 한 가지 묘안을 생각해 내었지요. 바로 독성이 심한 사이안산(HOCN)의 연구를 자기 방에서 하기 시작한 것이었어요. 이것이 차츰 진전되어 사이안산암모늄(NH$_4$OCN)을 취급하게 되었으며, 마침내는 요소를 합성하게 되었던 것입니다. 이 연구 도중에 사이안산은(AgOCN)의 조성을 발표한 것이 인연이 되어 나와 오랫동안 친구가 되었어요.

나와 뷜러는 처음에 서로 자기가 옳다는 주장으로 논쟁을 하였으나, 침착하고 세심한 성격을 가진 뷜러가 나에게 편지를 하여, 우리의 실험 결과가 우연한 일이 아닌 만큼 공동 연구를 하자고 제안하였어요.

이때 나는 기센 대학 교수로 있었고, 뷜러는 베를린 공업학교 교수로 있었어요. 우리는 연구 결과를 편지로 서로 연락

하고, 공동 연구 결과는 공동 명의로 발표하기로 하였어요. 이로써 우리는 공동 연구를 하면서 40년 동안 친한 친구로 지냈어요.

나와 뵐러는 각자의 연구 결과가 틀림없다는 것을 알고, 풀민산은(AgONC)과 사이안산은(AgOCN)이 조성은 같으나 그 성질이 다른 화합물임을 규명함으로써, 이성질 현상을 발견하였어요. 이러한 발견으로 화학은 급속도로 발달하였고, 뵐러와 나는 공동 연구로 서로의 결점을 보완하면서 50여 편의 논문을 발표하여 유기 화학의 기초를 닦는 데 온 힘을 다했어요.

뵐러는 무기 화학 방면에 더 많은 연구 업적을 남겼어요. 1827년에 최초로 알루미늄을 발견한 이후로 베릴륨의 발견, 붕소의 분리, 규소, 티타늄 및 기타 수많은 무기 화합물에 대한 연구로부터 발표한 논문이 무려 270편이나 되었지요.

나와 뵐러는 40년이라는 오랜 세월 동안 변치 않는 우정을 유지했어요. 그러나 내가 1873년에 70세로 먼저 세상을 떠난 후, 뵐러는 10년 동안 쓸쓸하고 적막하게 살다가 82세가 되던 해인 1882년에 일생을 마쳤어요.

장례식장에 놓인 뵐러의 관 위에는 고인의 희망에 따라 월계관을 쓴 나의 흉상이 놓여 있었어요. 나와 뵐러의 정신이 서로 얽혀 이 세상에서 못다 맺은 우리들의 우정을 저 세상에서 맺어 보려는 듯이, 나를 그리워하면서 뷜러는 이 세상을 떠났습니다.

독일이 낳은 세계적인 화학자로 존경받고 있는 나와 뷜러는 생애의 전부를 진리와 인류를 위하여 바쳤어요. 그러므로 나와 뷜러의 이름은 독일의 역사와 더불어 영원히 빛날 것입니다.

나와 뷜러의 우정이 너무 감동적이라 여러분도 가슴이 찡하지요? 여러분도 친구들과 오랫동안 우정을 나눌 수 있도록 노력해 보세요.

탄소 화합물은 누가 제일 먼저 만들었을까?
글쎄….
탄소 화합물을 처음 인공적으로 만든 사람은 뵐러라는 독일의 위대한 화학자이죠.

그럼 그 이전엔 탄소 화합물이 없었나요?
아니죠. 선사 시대부터 포도즙이나 전분을 발효시켜 알코올을 얻었고, 그 이후에도 주석산의 염류나 아세트산의 염류를 의약품으로 사용했으며, 또한 젖산, 구연산, 콜레스테롤, 글리세린 등도 제조되었어요.
포도주
식초
술

그러나 그때까지 화학자들 중 누구도 무기 화합물로부터 유기 화합물을 인공적으로 만들려는 시도를 하지 않았어요.
그럼 그게 가능한가요?
유기 화합물은 생물체에 의해서만 만들어지지.

네. 1828년 베르셀리우스의 제자인 뵐러는 그 당시 무기 화합물로 알려졌던 사이안산암모늄을 가열하여 유기 화합물인 요소를 만드는 데 성공했어요.
내가 드디어 해냈어!

요소는 동물의 대사 과정에서만 나온다고 생각했는데 이것을 무기 화합물로부터 합성해 낸 것이었죠. 이 실험은 유기 화합물을 인공적으로 만드는 데 생명을 불어넣어준 것과 같은 획기적인 사건이었어요.
나는 동물의 신장의 힘을 빌리지 않고 요소를 만들었습니다.

그 이후, 많은 화학자들이 유기 화합물을 인공적으로 만드는 연구를 시작했고, 결국 유기 화합물은 생명체만이 합성해 낸다는 생각이 사라지게 되었어요.
와~! 뵐러가 없었다면 오늘날의 탄소 화합물도 없었겠군요.

4

탄소 화합물의 종류

탄소 화합물을 구성하는 탄소 원자는 원자가가 4가로
다른 탄소 원자나 원자들과 결합할 수 있습니다.
탄소 화합물에는 어떤 종류가 있을까요?

탄소 화합물의 종류

<table>
<tr><td>교.</td><td>중등 과학 3</td><td>3. 물질의 구성</td></tr>
<tr><td>과.</td><td></td><td>5. 물질 변화에서의 규칙성</td></tr>
<tr><td>연.</td><td>고등 화학 Ⅰ</td><td>2. 화학과 인간</td></tr>
<tr><td>계.</td><td>고등 화학 Ⅱ</td><td>5. 물질의 구조</td></tr>
</table>

리비히가 탄소의 다양성을 강조하며
네 번째 수업을 시작했다.

지난 시간에 탄소 화합물을 구성하는 탄소 원자는 원자가가 4가라는 이야기를 했었는데, 기억하고 있나요?

＿예!!!

＿탄소 원자는 다른 탄소 원자나 원자들과 결합할 수 있는 팔이 4개라서 4가라고 하셨어요.

맞아요. 탄소 원자는 다른 탄소 원자나 원자들과 결합할 수 있으므로, 다양한 구조의 수많은 탄소 화합물이 존재할 수가 있습니다.

그럼 지금부터는 탄소 화합물의 종류를 살펴보도록 해요.

그리고 탄소 화합물이 우리 생활에 어떻게 이용되고 있는지 알아보기로 해요.

탄화수소

탄소 원자는 다른 원자들과는 달리 탄소 원자들끼리 결합하여 긴 사슬이나 여러 가지 고리를 형성할 수 있어요. 탄소 화합물은 탄소 원자가 기본 골격이 되어 주로 수소 원자와 결합하고, 질소, 산소 등의 여러 가지 원자들과도 결합하므로 다양한 탄소 화합물이 존재할 수 있어요.

탄소 화합물 중에서 탄소와 수소 원자만으로 구성되어 있는 화합물을 탄화수소라고 해요. 원유의 분별 증류 과정에서 분리되어 나오는 것이 주로 탄화수소인데, 수만 가지 종류의 안정한 화합물이 있어요. 이것은 산소 원자와 수소 원자가 결합하여 물(H_2O)과 과산화수소(H_2O_2)의 단 두 가지 화합물만을 만드는 것과 비교해 보면 매우 대조적인 것이에요.

탄화수소는 탄소 원자 사이의 결합 모양에 따라 크게 사슬 모양과 고리 모양으로 분류해요. 탄소 원자는 원자가가 4가이므로 4개의 결합을 형성할 수 있는데, 탄소 원자들끼리 어

떻게 결합하는지에 따라 다양한 구조의 탄소 화합물들이 존재할 수 있어요.

탄소와 탄소 원자 사이의 결합이 모두 단일 결합으로 구성된 탄화수소를 포화 탄화수소라 하고, 탄소와 탄소 원자 사이의 결합 중 이중 결합이나 삼중 결합이 있는 탄화수소를 불

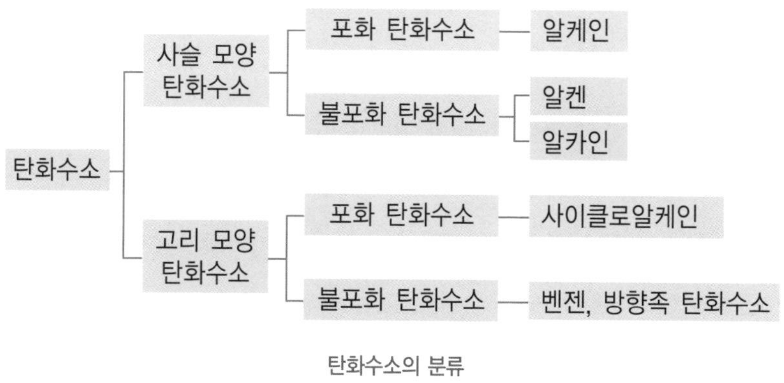

탄화수소의 분류

포화 탄화수소라고 해요.

사슬 모양 탄화수소

사슬 모양 탄화수소에는 포화 탄화수소인 알케인(alkane), 그리고 불포화 탄화수소인 알켄(alkene)과 알카인(alkyne)이 있어요.

알케인 가정에서 연료로 사용하고 있는 탄소 화합물은 어떤 성질을 가지고 있을까요?

사슬 모양 포화 탄화수소인 알케인은 탄소 원자의 결합이 모두 단일 결합을 하고 있습니다. 가장 간단한 화합물이 메테인(CH_4)이며, 에테인(C_2H_6), 프로페인(C_3H_8), 뷰테인(C_4H_{10}) 등이 있어요.

탄화수소들은 공기 중에서 잘 타며, 많은 열을 발생하므로 연료로 사용되고 있어요. 가정에서 연료로 많이 사용하고 있는 액화 천연가스(liquefied natural gas) 즉 LNG의 주성분은 메테인이며, 액화 석유 가스(liquefied petroleum gas) 즉 LPG의 주성분은 프로페인과 뷰테인이에요. 뷰테인은 가스라이터와 야외 취사용 연료로도 사용되어요.

LPG의 주성분인 프로페인의 연소 반응은 다음과 같아요.

$$C_3H_8 + 5O_2 \longrightarrow 3CO_2 + 4H_2O + 2{,}220 \text{ kJ}$$

메테인은 색과 냄새, 맛이 없는 기체이며, 공기 중에서 연소하면 많은 열을 발생하므로 주로 연료로 사용되고 있습니다. 메테인을 비롯한 알케인 계열의 탄화수소는 단일 결합으로 이루어져 있으므로 화학적으로 안정하여 반응성이 매우 약해요. 그러나 메테인을 햇빛($h\nu$)이 있는 특별한 조건에서 염소와 반응시키면 수소 원자가 염소 원자로 바뀌는 치환 반응(substitution reaction)이 일어납니다.

$$CH_4 + Cl_2 \xrightarrow{h\nu} CH_3Cl + HCl$$

메테인(CH_4)의 분자 모형은 정사면체 모양이며, 원자들 사이의 결합각은 109.5°예요. 탄소 원자가 2개인 에테인(C_2H_6)은 메테인의 수소 원자 1개가 CH_3로 치환된 구조예요. 보다 많은 탄소 원자 수를 가진 알케인의 분자 모형도 수소 원자 하나가 계속해서 CH_3로 치환된 구조예요.

알케인은 석유 화학 제품의 원료로 많이 이용되고 있습니

다. 그러나 메테인과 프로페인은 가정용 또는 자동차용 연료로, 뷰테인은 가스라이터와 야외 취사용 연료로 사용되지요.

알켄 과일을 익게 하는 기체는 어떤 탄소 화합물일까요?

사슬 모양 불포화 탄화수소인 알켄에는 탄소와 탄소 원자 사이에 이중 결합이 있으며, 가장 간단한 화합물이 에텐(에틸렌)이에요. 에텐은 과일을 익게 하는 물질이에요. 그러므로 익지 않은 초록색의 토마토나 바나나가 들어 있는 통에 에텐 기체를 넣어 주면, 빨갛게 잘 익은 토마토나 노랗게 잘 익은 바나나를 얻을 수 있어요.

알켄은 두 탄소 원자 사이에 이중 결합이 있어 알케인보다 수소 원자가 2개 적은 불포화 탄화수소이며, 에텐(C_2H_4), 프로펜(C_3H_6), 뷰틸렌(C_4H_8) 등이 있어요. 에텐은 탄소와 탄소 원자 사이에 이중 결합을 하고 있으며, 6개의 원자들이 한 평면 위에 있고, 원자들 사이의 결합각은 120°예요.

에텐의 이중 결합 중 1개의 결합은 약하여 쉽게 끊어지므로, 불포화 탄화수소인 에텐은 포화 탄화수소인 에테인보다 화학적인 반응성이 크지요. 그러므로 에텐은 에테인의 치환 반응과는 달리 이중 결합이 있는 탄소 원자에 다른 원자가 결합하는 첨가 반응(addition reaction)을 해요.

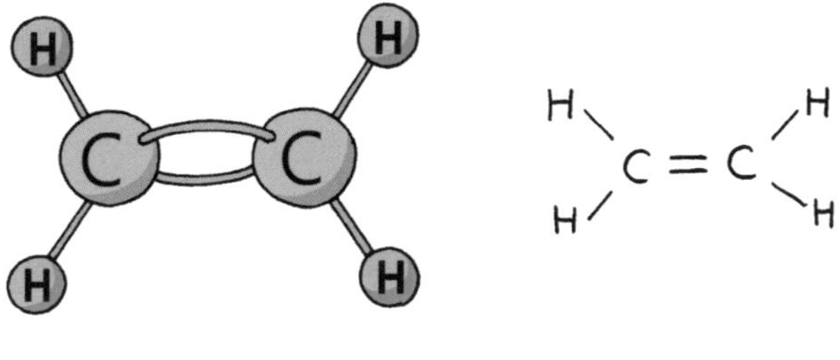

에텐

$$CH_2{=}CH_2 \ + \ HCl \ \rightarrow \ H{-}CH_2{-}CH_2{-}Cl$$
$$CH_2{=}CH_2 \ + \ Br_2 \ \rightarrow \ Br{-}CH_2{-}CH_2{-}Br$$

에텐은 원유를 분별 증류하여 정제하는 과정에서 얻을 수 있습니다. 에텐은 2개의 탄소 원자 사이에 이중 결합을 가지고 있어서 특정한 조건에서 에텐 분자들끼리 반응이 연달아 일어나 분자량이 큰 화합물인 폴리에틸렌이 만들어져요. 폴리에틸렌은 일상생활에 널리 사용되는 플라스틱 제품을 만드는 원료로 사용되고 있어요.

$$nCH_2{=}CH_2 \xrightarrow{\text{촉매}} {\left(\!-\!\underset{\displaystyle H}{\overset{\displaystyle H}{C}}\!-\!\underset{\displaystyle H}{\overset{\displaystyle H}{C}}\!-\!\right)}_n$$

에텐으로부터 폴리에틸렌의 합성

알카인 철판을 용접할 때 사용하는 탄소 화합물은 무엇일까요?

사슬 모양 불포화 탄화수소인 알카인에는 탄소와 탄소 원자 사이에 삼중 결합이 있으며, 가장 간단한 화합물이 에타인(아세틸렌)입니다. 에타인은 연소할 때 매우 높은 온도의 불꽃을 내므로 철판을 용접하거나 절단하는 데 사용되지요.

알카인은 2개의 탄소 원자 사이에 삼중 결합이 있어 알케인보다 수소 원자가 4개 적은 불포화 탄화수소이며, 에타인이 대표적인 화합물입니다. 에타인(C_2H_2)은 탄소와 탄소 원자 사이에 삼중 결합을 하고 있으며, 2개의 탄소 원자에 각각 결합된 수소 원자가 선형 구조를 이루고, 원자들 사이의 결합각은 180°예요.

에타인은 공기 중에서 밝은 불꽃을 내면서 연소합니다. 에타인이 연소할 때 충분한 산소를 공급하면, 약 3,000℃의 높은 온도의 불꽃을 얻을 수 있어요. 이것을 산소-에타인 불꽃이라고 하며, 높은 온도가 필요한 곳에 사용되고 있어요.

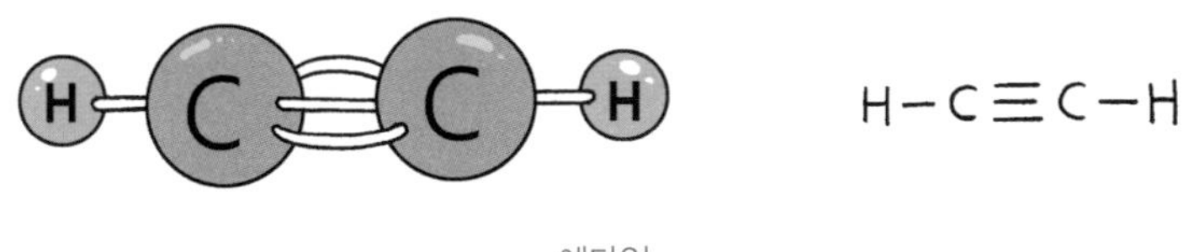

에타인

고리 모양 탄화수소

고리 모양 탄화수소에는 포화 탄화수소인 사이클로알케인과 불포화 탄화수소인 벤젠 고리를 포함하고 있는 방향족 탄화수소가 있어요.

사이클로프로페인

사이클로뷰테인

사이클로펜테인

사이클로헥세인

사이클로알케인 고리 모양의 포화 탄화수소에는 어떤 것이
있을까요?

고리 모양 포화 탄화수소인 사이클로알케인(cycloalkane)

은 탄소 원자들이 고리 모양으로 결합되어 있어요. 사이클로알케인은 알케인보다 수소 원자의 수가 2개 적은 포화 탄화수소이며, 가장 간단한 사이클로프로페인(C_3H_6)과 사이클로뷰테인(C_4H_8), 사이클로펜테인(C_5H_{10}), 사이클로헥세인(C_6H_{12}) 등이 있어요.

사이클로헥세인은 6개의 탄소 원자가 평면이 아닌 일그러진 3차원적 의자 모양을 이루어 원자들 사이의 결합각이 $109.5°$로 매우 안정해요.

사이클로헥세인은 사이클로알케인의 대표적인 화합물이며, 자연에서 산출되는 많은 탄소 화합물과 여러 가지 의약품들이 사이클로헥세인 고리를 가지고 있어요.

방향족 탄화수소 용매로 많이 사용되고 있는 벤젠은 어떤 성질을 가지고 있을까요?

고리 모양 불포화 탄화수소인 방향족 탄화수소는 지금까지 살펴본 탄화수소와는 달리 벤젠 고리를 가지고 있어요. 벤젠은 원유나 석탄의 증류물에서 얻을 수 있으며, 석유 화학 공업에서도 다량으로 만들어지고 있어요.

벤젠(C_6H_6)은 6개의 탄소 원자들이 동일 평면에 있는 평면 정육각형의 고리 구조를 이루고, 탄소 원자들 사이의 결합각

이 120°로 매우 안정한 화합물이에요.

벤젠은 특유한 냄새가 나는 무색 투명한 휘발성 액체로 물보다 가벼우나, 물에는 녹지 않고 유기 화합물을 잘 녹이므로 유기 용매로 많이 사용되었어요. 그러나 벤젠이 암을 일으킬 수 있는 물질로 알려져 용매로의 사용을 제한하고 있어요. 그리고 벤젠은 불이 잘 붙는 가연성 물질로 연소할 때 그을음을 많이 발생하며, 각종 화학제품과 의약품을 만들 때 사용되고 있어요.

벤젠 다음으로 많이 사용되고 있는 방향족 탄화수소로는 벤젠의 수소 원자 1개가 메틸기($-CH_3$)로 치환된 톨루엔($C_6H_5CH_3$)과 벤젠의 수소 원자 2개가 메틸기로 치환된 자일

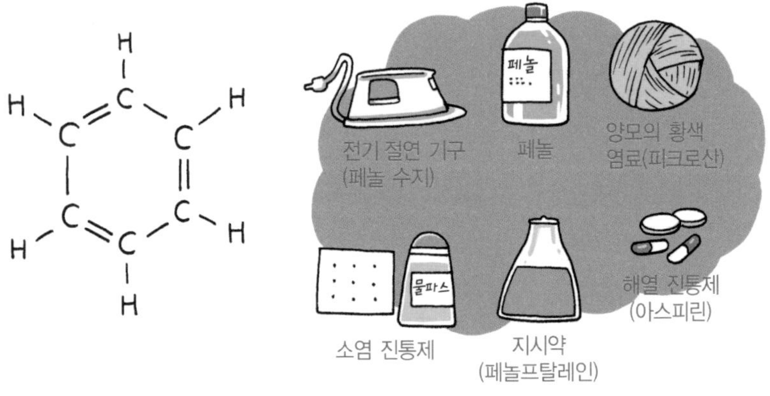

벤젠

벤젠을 원료로 하여 만든 화학제품

렌($C_6H_4(CH_3)_2$)이 있어요. 자일렌은 메틸기의 위치에 따라 세 가지의 이성질체가 존재해요.

벤젠 고리가 2개 이상 붙어 있는 방향족 탄화수소로는 나프탈렌과 안트라센 등이 있어요.

탄화수소 유도체

탄화수소의 수소 원자가 다른 원자나 원자단으로 치환된 화합물을 탄화수소 유도체라고 해요. 탄화수소 유도체의 특성은 치환된 원자나 원자단에 의하여 결정되어요. 이렇게 탄소 화합물의 구조적인 특징을 나타내는 원자들의 묶음인 원자단을 작용기(functional group)라고 해요.

탄소 화합물이 종류가 많고 성질이 다양한 이유는 탄소 원자 골격에 여러 가지 작용기들이 결합된 유도체들이 많기 때문이에요.

다음 표에 몇 가지 작용기와 그들이 들어 있는 탄소 화합물의 예를 나타내었어요. 그럼 지금부터 탄화수소 유도체에는 어떤 종류가 있으며, 이들은 우리 생활에 어떻게 이용되고 있는지 알아보도록 해요.

여러 가지 작용기와 그들이 들어 있는 탄소 화합물

작용기		화합물		
이름	구조	일반명	보기	이름
하이드록시기	$-OH$	알코올	CH_3OH	메탄올
에테르(에터)	$-O-$	에테르(에터)	CH_3OCH_3	다이메틸에테르
포밀기	$\overset{\displaystyle O}{\underset{\displaystyle -C-H}{\parallel}}$	알데하이드	CH_3CHO	아세트알데하이드
카보닐기	$\overset{\displaystyle O}{\underset{\displaystyle -C-}{\parallel}}$	케톤	CH_3COCH_3	아세톤
카복실기	$\overset{\displaystyle O}{\underset{\displaystyle -C-O-H}{\parallel}}$	카복실산	CH_3COOH	아세트산
에스터	$\overset{\displaystyle O}{\underset{\displaystyle -C-O-}{\parallel}}$	에스터	$CH_3COOC_2H_5$	아세트산에틸

지방족 탄화수소 유도체

탄소 화합물 중에서 사슬 모양 포화 탄화수소인 알케인, 사슬 모양 불포화 탄화수소인 알켄과 알카인, 고리 모양 포화 탄화수소인 사이클로알케인 등과 같은 지방족 탄화수소의 수소 원자를 다른 원자나 원자단으로 치환하면 우리 생활에 많이 쓰이는 지방족 탄화수소 유도체가 됩니다. 이들이 어떻게 이용되고 있는지 알아보도록 해요.

알코올 사람들이 마시는 술 속에는 어떤 탄소 화합물이 들어 있을까요?

사슬 모양 탄화수소의 수소 원자가 하이드록시기(−OH)로 치환된 화합물을 알코올이라고 하며, 일반적인 분자식은 ROH예요. 메탄올(CH_3OH)과 에탄올(C_2H_5OH)이 대표적인 알코올이에요.

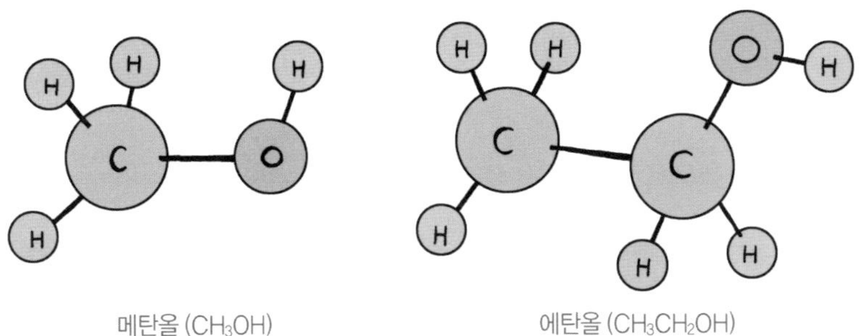

메탄올 (CH_3OH)　　　　　　에탄올 (CH_3CH_2OH)

에탄올은 과일이나 곡물의 알코올이 발효할 때 포도당의 발효에 의해 생성되어요.

$$\text{탄수화물} \xrightarrow{\text{효소}} \underset{\text{포도당}}{C_6H_{12}O_6} \xrightarrow{\text{효소}} 2C_2H_5OH + 2CO_2$$

에탄올은 무색의 향긋한 냄새가 나는 투명한 액체로 술의 주성분이며, 연료와 용매, 그리고 소독약과 의약품의 원료 등으로 널리 사용되고 있어요.

메탄올은 나무를 건류(乾溜)하여 얻을 수 있으며, 연료나 용매로 많이 사용됩니다. 메탄올은 무색의 액체로 향긋한 냄새가 나지만 매우 유독해서 마시면 눈이 멀거나 생명을 잃을 수 있어요. 그러므로 메탄올을 취급할 때는 주의를 해야 하지요.

에테르 과학 시간에 곤충이나 개구리를 마취시키기 위한 마취제는 어떤 탄소 화합물일까요?

알코올(ROH)의 수소 원자가 알킬기($-R'$)로 치환된 화합물을 에테르라고 하며, 일반적인 분자식은 ROR'이에요. 다이에틸에테르($(C_2H_5)_2O$)가 대표적인 에테르예요.

다이에틸에테르는 휘발성과 인화성이 큰 액체이며 마취성이 있어 곤충과 개구리의 마취제로 사용되며, 용매로도 많이 사용되고 있어요.

다이메틸에테르($(CH_3)_2O$)와 에탄올(C_2H_5OH)은 분자를 구성하는 원자들의 개수를 나타내는 분자식(C_2H_6O)은 같지만 작용기가 달라서 서로 다른 화합물이에요. 이렇게 분자식은 같으나 분자의 구조를 나타내는 구조식이 서로 다른 화합물을 구조 이성질체라고 해요.

알데하이드 과학실의 동물 표본병에 들어 있는 용액은 어떤 탄소 화합물로 만든 것일까요?

탄소와 산소 원자가 이중 결합을 이루고 있는 원자단을 카보닐기($-\overset{O}{\underset{}{C}}-$)라고 하며, 카보닐기에 수소 원자 1개가 결합된 것은 포밀기(−CHO)라고 해요.

탄화수소의 수소 원자 1개가 포밀기로 치환된 화합물을 알데하이드라고 하며, 일반적인 분자식은 RCHO예요. 폼알데하이드(HCHO)가 대표적인 알데하이드이지요.

폼알데하이드는 무색의 자극적인 기체로 물에 잘 녹으며, 방부제, 합성수지의 원료로 사용되고 있습니다. 폼알데하이드의 30~40% 수용액을 포르말린(폼아린)이라고 하는데, 이것은 동물의 부패를 방지하므로 동물 표본 보관용의 표본병에 방부제로 사용되지요.

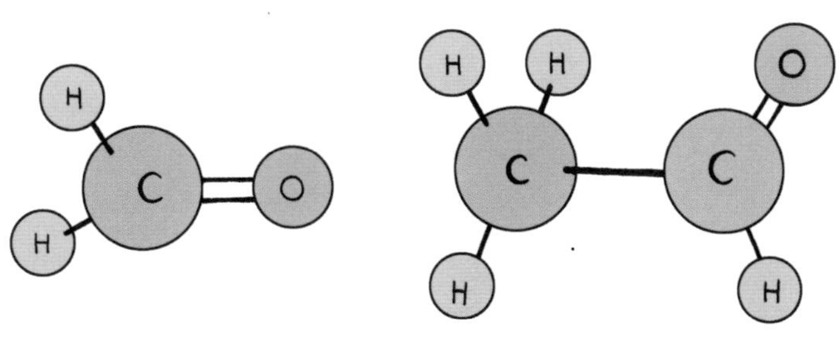

폼알데하이드(HCHO)　　　　아세트알데하이드(CH₃CHO)

에탄올(C_2H_5OH)이 산화되면 아세트알데하이드(CH_3CHO)가 되고, 아세트알데하이드가 산화되면 아세트산이 되지요. 그러므로 먹다가 남은 막걸리를 오랫동안 방치해 두면 신맛이 나는 아세트산 즉 식초산이 된답니다.

케톤 손톱에 칠한 매니큐어를 지울 때 사용하는 용액에는 어떤 탄소 화합물이 들어 있을까요?

카보닐기에 알킬기가 양쪽에 결합되어 있는 탄소 화합물을 케톤이라고 하며, 일반적인 분자식은 RCOR′입니다. 아세톤(CH_3COCH_3)이 대표적인 케톤이에요.

아세톤은 독특한 냄새가 나는 무색의 액체로 물과 잘 섞이며, 여러 가지 탄소 화합물을 잘 녹이므로 유기 용매로 널리 사용되고 있어요. 손톱에 칠한 매니큐어를 지울 때도 아세톤

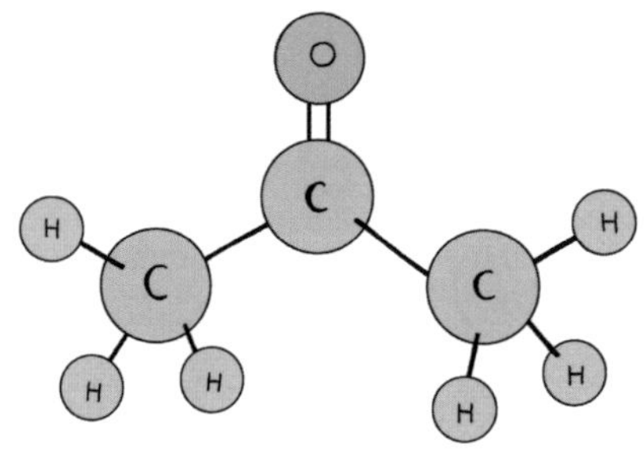

아세톤(CH_3COCH_3)

이 사용되지요.

카복실산 개미나 모기에 물리면 피부가 부풀어 오르고 가려운데, 그 이유는 무엇일까요?

탄화수소의 수소 원자 1개가 카복실기(−COOH)로 치환된 화합물을 카복실산이라고 하며, 일반적인 분자식은 RCOOH예요. 폼산($HCOOH$)과 아세트산(CH_3COOH)이 대표적인 카복실산이며, 수용액은 약한 산성이에요.

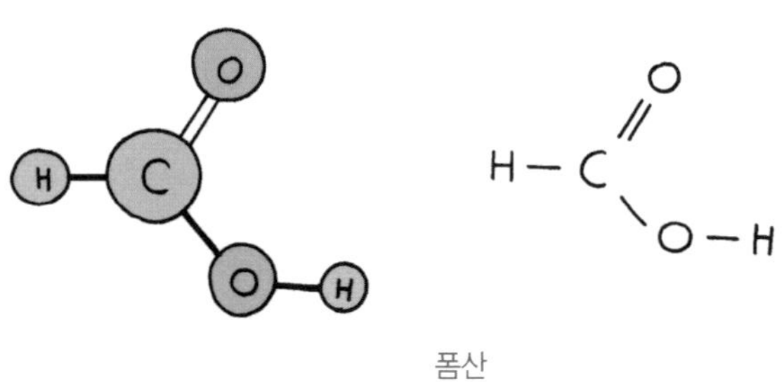

폼산

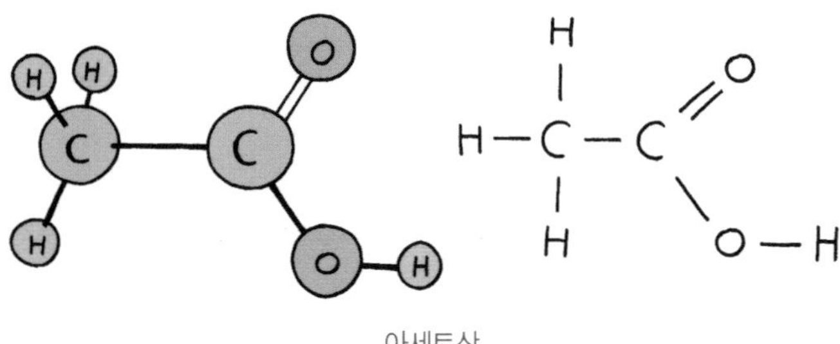

아세트산

폼산은 개미산이라고도 하며, 자극성 냄새를 가진 무색의 투명한 액체로 물에 잘 녹습니다. 개미나 모기에 물리거나 벌에 쏘였을 때 살갗이 부어오르고 가려운 것은 폼산 때문이에요.

아세트산의 4∼5% 수용액이 식초예요. 순도가 높은 아세트산은 녹는점이 16.6℃인데, 이 온도 이하에서는 고체 형태로 존재하므로 빙초산이라고도 하지요. 아세트산은 용매로, 합성 수지, 의약품, 염료 등의 원료로 이용되고 있습니다.

에스터 향기가 나는 비누에는 어떤 탄소 화합물이 들어 있을까요?

카복실산($RCOOH$)의 수소 원자가 알킬기로 치환된 화합물을 에스터라고 하며, 일반적인 분자식은 $RCOOR'$이에요. 아세트산에틸($CH_3COOC_2H_5$)이 대표적인 에스터예요.

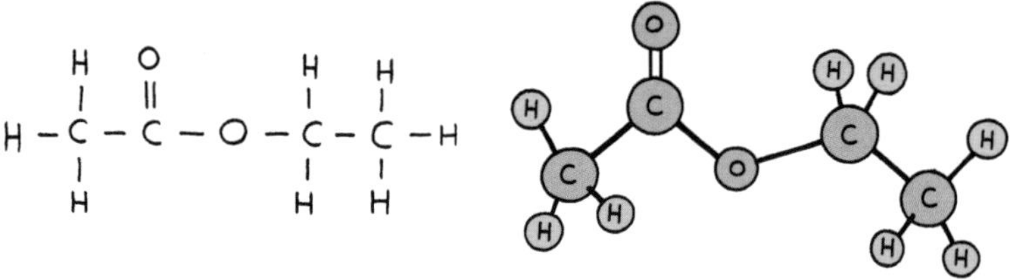

아세트산에틸

아세트산에틸은 진한 황산을 촉매로 하여 아세트산과 에탄올을 반응시켜서 얻어요.

$$CH_3COOH + C_2H_5OH \xrightarrow{\text{진한 황산}} CH_3COOC_2H_5 + H_2O$$

아세트산　　　　에탄올　　　　　　아세트산에틸　　　물

이와 같이 카복실산과 알코올이 반응하여 에스터를 생성하는 반응을 에스터화 반응이라고 해요.

에스터에 수산화나트륨을 넣고 가열하면 염과 알코올이 생성되는데 이 반응을 비누화 반응이라고 하며, 비누의 제조에 이용하고 있어요.

분자량이 작은 대부분의 에스터는 향기를 가지고 있어 청량음료, 과자, 사탕, 크림, 화장품, 비누 등의 향료로 사용됩니다. 그리고 꽃과 과일의 특유한 향기는 대부분 그들이 가지고 있는 에스터에 기인된 것이지요.

방향족 탄화수소 유도체

방향족 탄화수소의 수소 원자가 다른 원자나 작용기로 치환된 탄소 화합물을 방향족 탄화수소 유도체라고 해요. 이들은 어떤 성질을 가지고 있는지 살펴보고, 어떻게 이용되고

있는지 알아보도록 해요.

페놀 독특한 냄새가 나는 소독제에는 어떤 탄소 화합물이 들어 있을까요?

방향족 탄화수소인 벤젠의 고리에 있는 수소 원자가 하이드록시기($-OH$)로 치환된 화합물을 페놀이라고 해요. 페놀(C_6H_5OH)은 무색의 결정으로 물에 약간 녹아요.

크레솔은 페놀에서 벤젠 고리의 수소 원자 1개가 메틸기($-CH_3$)로 치환된 화합물로 세 가지의 이성질체가 존재해요.

페놀은 특유한 냄새가 나는 무색의 결정으로 피부를 상하게 하는 성질이 있습니다. 페놀은 합성수지, 염료, 소독제, 살균제, 의약품 등에 이용되고 있어요. 크레솔은 페놀보다 물에 녹기 어려우나 살균력이 강하여 살균 소독제로 널리 사용됩니다.

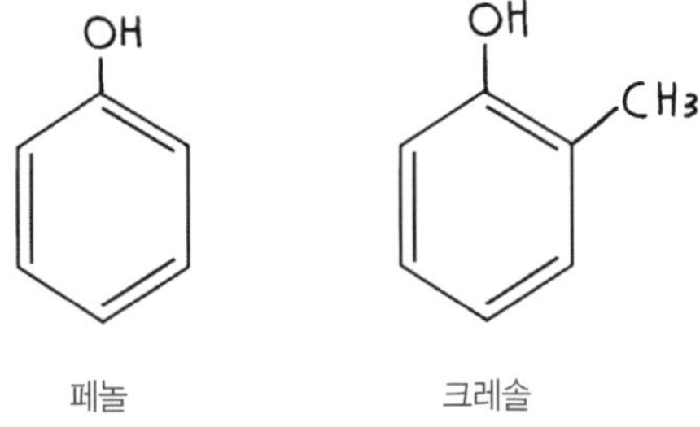

페놀   크레솔

방향족 카복실산

아스피린은 어떤 탄소 화합물로부터 만들까요?

방향족 탄화수소의 수소 원자가 카복실기($-COOH$)로 치환된 화합물을 방향족 카복실산이라고 해요. 벤조산($C_6H_5CO_2H$)이 대표적인 방향족 카복실산이지요.

벤조산은 무색의 결정으로 찬물에는 녹기 어렵지만 뜨거운 물과 아세톤, 에탄올, 에테르 등의 유기 용매에는 잘 녹으며, 산성이에요. 벤조산은 살균력이 있어 의약품의 원료나 방부제로 이용되고 있으며, 각종 금속과 염을 생성하고, 알코올과 반응하여 에스터를 생성합니다.

살리실산($C_7H_6O_3$)은 무색의 바늘 모양 결정으로 벤젠 고리의 탄소에 하이드록시기($-OH$)와 카복실기($-COOH$)가 함께 있어요. 살리실산은 에탄올과 에테르 등의 유기 용매에 녹으며, 산성입니다.

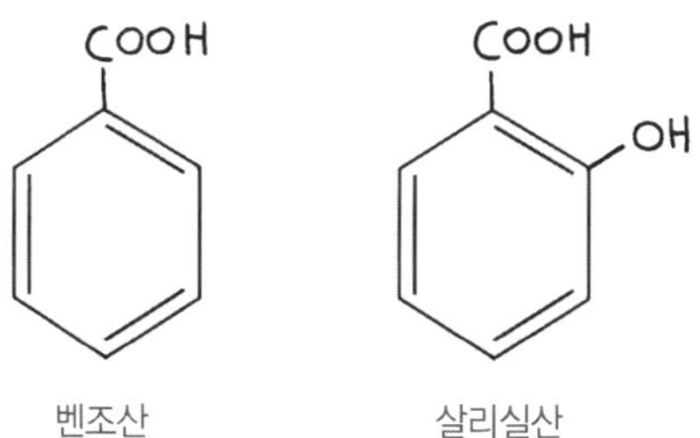

살리실산메틸 $\xleftarrow{CH_3OH}$ 살리실산 $\xrightarrow{(CH_3CO)_2O}$ 아세틸살리실산

살리실산은 알코올이나 카복실산과 반응하여 에스터를 생성해요. 살리실산에 아세트산 무수물을 가하여 반응시키면 아세틸살리실산이 생성되고, 메탄올과 진한 황산을 가하여 반응시키면 살리실산메틸이 생성되어요.

아세틸살리실산은 백색의 결정형 분말로 물에 녹지 않고 약간 신맛이 나요. 해열과 진통 및 소염 작용이 있어 해열 진통제로 많이 사용하지만, 복용량이 지나치면 위장 장애를 일으킵니다. 독일 바이엘 제약 회사가 '아스피린'이란 상품명으로 판매하고 있는 의약품이 바로 아세틸살리실산이지요.

과학자의 비밀노트

아세트산 무수물(acetic anhydride)

무수물이란 화합물에서 물 분자가 빠져나간 형태이다. 아세트산 무수물이란 카복실산 무수물의 하나로, 아세트산 2분자에서 물 1분자가 빠져나가면서 형성된 유기산 무수물이다.

이에 대해서는 여섯 번째 수업에서 자세히 알아보도록 해요.

살리실산메틸은 과자, 껌, 치약 등의 향료로 사용되며, 소염제와 신경통 치료약으로 사용되고 있어요.

방향족 나이트로 화합물

폭약으로 사용되는 탄소 화합물은 무엇일까요?

방향족 탄화수소의 수소 원자가 나이트로기($-NO_2$)로 치환된 화합물을 방향족 나이트로 화합물이라고 해요.

방향족 나이트로 화합물에는 나이트로벤젠($C_6H_5NO_2$), TNT(trinitrotoluene), 피크린산($C_6H_3N_3O_7$) 등이 있어요.

나이트로벤젠은 벤젠을 나이트로화하여 얻으며, 물에 녹기 힘든 황색의 액체로 향료와 아닐린($C_6H_5NH_2$)의 제조에 사용되고 있습니다. 나이트로벤젠은 독성이 강하고 피부에 흡수되기 쉬우므로 취급할 때 조심해야 해요.

나이트로벤젠　　　트라이나이트로톨루엔(TNT)　　　피크린산

TNT는 톨루엔($C_6H_5CH_3$)을 나이트로화하여 얻으며, 피크 린산은 페놀을 나이트로화하여 얻을 수 있습니다. 이 두 화합물은 폭약으로 사용되는데, 특히 TNT는 폭발물의 폭발력을 나타내는 기준으로 사용되는 화합물이에요.

방향족 아민

염료의 원료로 어떤 탄소 화합물이 사용될까요?

방향족 탄화수소의 수소 원자가 아미노기($-NH_2$)로 치환된 화합물을 방향족 아민이라고 하는데, 아닐린($C_6H_5NH_2$)이 대표적이에요. 아닐린은 나이트로벤젠($C_6H_5NO_2$)에 주석과 염산을 가하여 반응시키면 생성되어요.

아닐린은 물에는 거의 녹지 않으나, 염산과 중화 반응을 하여 물에 잘 녹는 염산아닐린을 만드는 약염기성 물질이에요.

아닐린은 특유한 냄새가 나는 무색의 기름 모양 액체로 염료와 의약품의 중요한 원료로 널리 사용되며, 벤젠과 함께 화학 공업에서 매우 중요한 탄소 화합물이에요.

아닐린은 아세트산 무수물과 반응하여 아세트아닐라이드를 생성하는데, 아세트아닐라이드는 진통제로 사용되고 있어요.

와~, 여기 있는 게 대부분 탄소 화합물이란 말이죠.
선생님, 탄소 화합물의 종류엔 어떤 것들이 있나요?
음, 크게 보자면 탄화수소와 탄화수소 유도체가 있어요.

탄화수소? 탄화수소 유도체? 너무 어려워요.
탄소 화합물 가운데 탄소와 수소 원자만으로 구성되어 있는 화합물을 탄화수소라고 해요.
우리가 만나면 탄화수소!
C C C C
H H H H

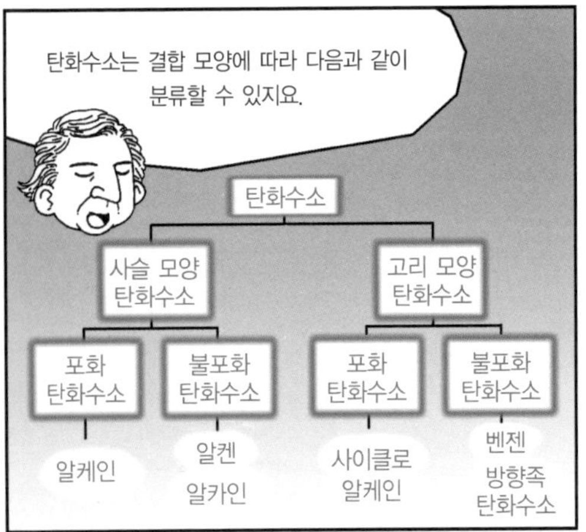
탄화수소는 결합 모양에 따라 다음과 같이 분류할 수 있지요.
탄화수소
사슬 모양 탄화수소
고리 모양 탄화수소
포화 탄화수소
불포화 탄화수소
포화 탄화수소
불포화 탄화수소
알케인
알켄 알카인
사이클로 알케인
벤젠 방향족 탄화수소

그럼 탄화수소 유도체는 뭔가요?
탄화수소의 수소 원자가 다른 원자나 원자단으로 치환된 화합물을 탄화수소 유도체라고 해요. 예를 들면 알코올은 다음과 같이 되지요.
- OH
H H C C H

탄화수소 유도체에는 다음과 같은 종류들이 있지요.
와~, 역시 많구나.
알코올
에스터
페놀
에테르
알데하이드
케톤
카복실산
탄화수소 유도체
방향족 카복실산
방향족 나이트로 화합물
방향족 아민

이때 탄소 화합물의 구조적인 특징을 나타내는 원자들의 묶음인 원자단을 작용기라고 해요.
아~, 탄소 화합물의 종류가 많은 것은 여러 가지 작용기들이 결합된 유도체들이 많기 때문이군요.
CH_3-C-O-H
O
식초

5

케쿨레의 꿈과 벤젠의 구조

탄소와 수소 원자가 각각 6개인 벤젠은 방향족 탄화수소로 정육각형의 고리 모양이에요.
케쿨레는 어떻게 벤젠의 정육각형 고리 모양의 구조를 고안했을까요?

다섯 번째 수업

케쿨레의 꿈과 벤젠의 구조

리비히가 벤젠에 대해 설명하며
다섯 번째 수업을 시작했다.

방향족 화합물

벤젠은 고리 모양의 불포화 탄화수소이며 방향족 화합물의 가장 기본적인 물질로 석유 화학 공업과 석탄 화학 공업의 중요한 생산품입니다. 그러므로 벤젠은 각종 화학제품과 의약품을 만들 때 많이 사용되지요.

공업적으로 많이 사용되고 있는 톨루엔과 아닐린 및 페놀은 벤젠 고리의 수소 원자 6개 중의 하나가 다른 원자단으로 치환된 것이에요. 이렇게 벤젠 고리의 수소 원자를 다른 원

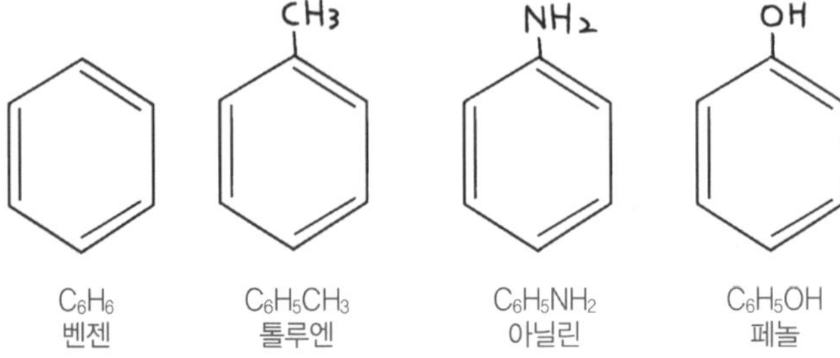

자나 작용기로 바꾸어 많은 종류의 방향족 탄화수소 유도체를 만들 수가 있어요. 그리고 이러한 화합물들은 특유한 향기가 나므로 이를 나타내기 위하여 방향족이란 용어가 사용되었어요.

나프탈렌과 안트라센은 벤젠 고리가 각각 2개나 3개가 붙어 있는 방향족 화합물이에요.

벤젠의 많은 방향족 탄화수소 유도체들은 지구 상에 살고 있는 생명체의 성장에 중요한 역할을 하고 있어요. 즉 살아 있는 모든 생명체의 기관은 여러 가지 화합물의 형태로 벤젠 고리를 포함하고 있지요. 따라서 수백만 년에 걸쳐 이러한 생명체들이 죽어서 지구 표면 밑에 축적된 것이 석탄과 석유이기 때문에, 오늘날 우리는 많은 방향족 탄화수소 유도체들을 석탄과 석유로부터 얻을 수 있는 것입니다.

벤젠은 어떤 모양을 하고 있을까요?

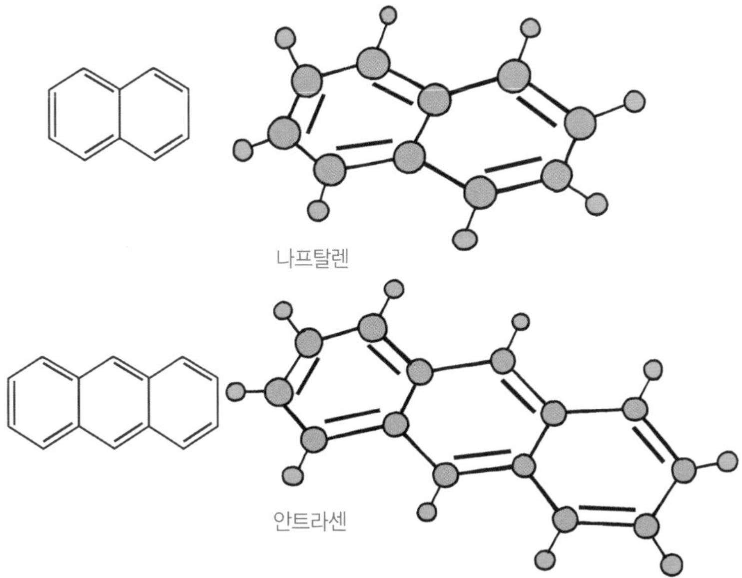

벤젠(C_6H_6)의 탄소 원자 6개가 사슬 모양이 아닌 정육각형의 고리 모양으로 연결되어 있다는 것은 나의 제자인 케쿨레가 1865년에 최초로 제안했어요. 이러한 케쿨레의 벤젠 구조를 기초로 하여 방향족 화합물에 관한 화학이 급진적으로 발달하였습니다. 오늘날 우리가 벤젠의 구조식으로 사용하고 있는 정육각형에 이중 결합이 교대로 되어 있는 것을 케쿨레 구조식이라고 해요.

벤젠의 탄소 원자 6개가 사슬 모양이 아닌 고리 모양으로 연결되어 있다는 케쿨레의 최초의 제안은, 탄소 원자가 사슬

모양으로 연결되어 있다고 믿고 있던 그 당시에는 매우 혁명적인 생각이었어요. 이러한 케쿨레의 선구자적인 발상은, 벤젠 구조를 알아내기 위하여 밤과 낮을 가리지 않고 실험실에서 연구에만 몰두하던 케쿨레가 난롯가에서 깜빡 졸았을 때에 꿈속에서 본 하나의 환상으로부터 나온 것이었습니다.

케쿨레의 제안

오늘날의 탄소 화합물에 대한 화학의 기초는 케쿨레에 의해서 확립되었습니다. 케쿨레는 어떻게 탄소 원자의 원자가가 4가라는 것과 사슬 모양뿐만 아니라 고리 모양의 탄소 화합물도 생각해 낼 수 있었을까요?

케쿨레는 1829년 9월 7일, 독일의 다름슈타트에서 태어났어요. 어릴 때부터 수학과 제도에 뛰어난 재주를 가지고 있었으며, 식물과 나비 등 여러 분야에 걸쳐 취미도 가지고 있었어요.

케쿨레는 고등학교를 마친 후 아버지의 뜻에 따라 건축학을 공부하기 위하여 기센 대학에 들어갔어요. 그러나 당시 화학과 교수였던 나의 정열적인 교수법과 실험 위주의 화학 교육에 매료되어 화학과로 전공을 바꾸어 본격적으로 화학을 공부하게 되었어요.

케쿨레는 1851년 5월부터 1852년 4월까지 프랑스 파리에서 공부하면서 많은 화학자들과 친교를 맺었으며, 그 이후 영국 런던으로 가서 대학 교수의 조수로 일하였어요.

1856년 겨울에 영국에서 독일로 돌아온 케쿨레는 하이델베르크 대학 강사로 취임하였어요. 1857년에는 벨기에의 겐트 대학으로부터 정교수로 초빙되어 갔는데, 여기서 그는 탄소 원자의 원자가와 벤젠의 구조식을 결정하는 문제를 해결해 냈어요.

케쿨레는 처음에 건축학을 공부했기 때문에 탄소 화합물의 구조를 연구하는 것이 다른 사람에 비해 쉬웠어요. 따라서

탄소 화합물의 구조에 관한 연구에서 항상 다른 사람들보다 앞섰지요.

그는 1858년에 탄소 원자의 원자가가 4가라고 제안하였어요. 탄소 화합물을 구성하는 탄소 원자의 원자가가 4가라는 것은 탄소 원자가 4개의 결합을 할 수 있다는 것입니다. 따라서 탄소 원자는 수소, 질소, 산소 등의 원자와 결합하여 입체적인 구조를 만들 수 있으며, 또한 탄소 원자들끼리도 연속적으로 결합할 수 있어 수많은 탄소 화합물들이 존재할 수가 있습니다.

케쿨레는 1865년에 벤젠의 탄소 원자 6개는 4가의 원자가로 사슬의 끝이 구부러져서 육각형의 고리 구조를 갖고 있다고 제안했습니다. 이러한 케쿨레의 제안은 즉시 받아들여져서, 탄소 화합물을 구성하는 탄소의 결합 형태와 탄소 화합물의 구조에 대한 그동안의 많은 의문들이 해결되었어요.

케쿨레의 제안으로 탄소 화합물은 일정한 유형으로 배열되는 탄소, 수소, 질소, 산소 등의 원자로 구성되어 있으며, 탄소 화합물의 성질은 탄소 화합물을 구성하는 원자들의 수와 종류뿐만 아니라 원자들의 배열 방법에 따라서도 달라진다는 것을 알게 되었습니다.

케쿨레는 탄소 원자가 4가의 원자가로 사슬 모양뿐만 아니라 고리 모양의 탄소 화합물도 형성할 수 있다는 것을 어떻게 생각해 낼 수 있었을까요?

다음은 1890년 베를린 시청에서 개최된 케쿨레의 벤젠 구조식 발표 25주년 기념 축하회에서 행한 케쿨레의 연설문 중 일부입니다. 여기에는 1858년에 발표한 탄소 원자의 원자가가 4가로 사슬 모양을 형성하고 있다는 제안과 7년 후인 1865년에 탄소 원자들끼리 고리 모양도 형성할 수 있다는 제안의 발단이 된 꿈속의 영감에 대해 기록되어 있습니다.

내가 영국 런던에 체류 중이던 어느 여름날 밤에 마지막 버스를 타고 집으로 돌아가던 도중이었다. 나는 깜빡 잠이 들어 꿈을 꾸게 되었다. 이때 내 눈앞에서 원자들이 뛰어다녔다. 나는 이 원자들이 운동하는 모양을 확실하게 알 수는 없었다. 그러나 희미하게 두 개의 작은 원자가 서로 연결되어 한 쌍이 되었으며, 큰 원자가 두 개의 작은 원자를 껴안았다. 또 더 큰 원자가 작은 원자 4개를 껴안았다. 그리고 전체가 빙빙 돌았다. 큰 원자가 사슬 모양을 만들고 그 끝에 작은 원자들이 매달려 끌려갔다. 나는 차장이 '클레팜 로드'라고 외

치는 목소리에 꿈을 깼다. 그날 밤늦게까지 나는 꿈속에서 본 원자들의 모양을 종이 위에 스케치했다. 이것이 내가 탄소 원자의 원자가가 4가이며, 탄소 원자들이 사슬 모양으로 연결될 수 있다는 탄소 화합물의 구조를 제창하게 된 동기가 되었다.

케쿨레가 이와 같은 생각을 한 것은 그가 영국 런던에 있던 25세와 26세 때의 일이었습니다.

케쿨레가 1858년 8월에 탄소 원자의 원자가가 4가이며 탄화수소의 탄소 원자들이 사슬 모양으로 연결되어 있다고 발표하자, 학계로부터 크게 주목을 받게 되었습니다.

그러나 케쿨레는 지금까지의 사슬 모양의 탄소 화합물 구조로부터 벤젠의 구조를 도저히 설명할 수가 없었어요. 그러

나 이것도 꿈속에 나타난 하나의 환상으로부터 6개의 탄소 원자가 육각형의 고리 모양으로 연결되어 있는 벤젠 고리를 창안해 냈어요.

이와 같은 생각이 떠오른 것은 케쿨레가 겐트 대학에 있을 때로, 그의 나이는 32세와 33세 때였어요. 그러한 착상이 어떤 영감에 의해서 떠올랐는지에 대해 케쿨레는 다음과 같이 이야기했지요.

나는 서재에서 책을 집필하고 있었다. 그러나 쉽게 써지지 않았고 내 생각은 다른 데로 쏠렸다. 나는 의자를 난로 옆으로 잡아당겨 놓고 선잠이 들어 버렸다. 꿈속에서 내 눈앞에 다시금 원자들이 나타났다. 이번에는 작은 원자들이 쪼그리고 앉아 있었으며, 수많은 형태의 큰 구조들을 분명하게 볼 수 있었다. 즉, 긴 열들과 때때로는 모든 원자들이 몇 겹으로 엉켜 마치 뱀과 같이 돌고 있었다. 그러고는 한 마리의 뱀이 자신의 꼬리를 물고 내 눈앞에서 빙빙 돌고 있었다. 나는 전기 충격을 받은 것처럼 눈을 떴다. 이번에도 역시 밤을 새워 육각형의 벤젠 구조를 만들어 낸 것이다.

케쿨레가 제안한 벤젠 구조는 6개의 탄소 원자가 고리 모양을 이루고 있으며, 각 탄소 원자에는 각각 하나의 수소 원자가 결합되어 있어요. 그는 이것을 그림 A와 같이 여섯 마리 원숭이로 흥미롭게 표현하였습니다. 그러나 벤젠의 구조를 좀 더 정확하게 표시한 것이 그림 B예요. 그림 B는 원숭이의 손과 꼬리가 다시 결합된 것을 나타낸 것인데, 이것은 이중 결합을 의미합니다.

이렇게 하여 케쿨레가 최초로 벤젠의 정육각형 고리 모양 구조식을 결정해 내었는데, 이를 기초로 하여 방향족 화합물의 화학이 급진적으로 발전하게 되었어요.

대학에서 건축학을 배워 집을 건축하려 했던 케쿨레는 결

그림 A　　　　　　　　그림 B

국 화학으로 전향하여, 인간이 사는 집 대신에 탄소 원자들을 조합하여 분자를 건축하는 데 성공한 화학자가 되었어요.

여러분은 어떤 꿈을 꾸고 있나요?

21세기의 기계 문명 속에서 꿈을 잃고 하루하루를 살아가고 있는 많은 사람들은, 꿈을 꿀 줄 알았고 이 꿈을 실현시킬 줄 알았던 케쿨레를 본받아 각자의 꿈을 꾸고, 꿈을 실현시킬 수 있도록 노력해야 할 것입니다.

케쿨레는 1857년부터 벨기에 겐트 대학에서 10년간 교수로 일하다가 1867년에 독일로 다시 돌아와 본 대학에서 교수가 되어 스승인 나를 본받아 많은 인재를 기르는 데 온갖 힘을 기울였어요.

하지만 케쿨레는 어떤 일도 열심히 해야 된다는 나의 충고에 따라 항상 공부와 연구만 했던 까닭에 건강을 돌보지 않았어요. 그래서 나이가 들어서는 건강이 좋지 않아 여러 가지 병으로 고생을 하다가 1896년에 67세로 세상을 떠났어요.

여러분도 공부를 열심히 해야 되지만 그렇다고 하루 종일 책상에만 앉아 있으면 안 돼요. 가끔 일어나서 맨손 체조도 하고, 시간을 내서 친구들과 같이 운동도 해야 돼요. 건강을 잃으면 모든 것을 잃을 수 있으므로, 건강을 유지하기 위해서도 노력해야 한다는 것을 잊으면 안 돼요. 잘 알겠죠!

후후, 꿈을 꾸고 있나 봐요. 케쿨레는 꿈속에서 벤젠의 구조를 떠올렸어요.
꿈속에서요? 아니, 그보다 벤젠이 뭐죠?

벤젠은 방향족 화합물의 기본 물질로, 각종 화학제품과 의약품을 만들 때 많이 사용되고 있는 탄소 화합물이죠.
그럼 벤젠은 어떻게 생겼나요?
Benzene

벤젠(C_6H_6)은 탄소 원자 6개가 사슬이 아닌 정육각형의 고리 모양으로 연결되어 있다고 케쿨레가 최초로 제안했어요.
고리 모양이요?
하하하!

네. 이건 케쿨레의 꿈속에서 나온 것이죠. 그때 케쿨레는 벤젠의 구조를 알아내기 위해 실험실에서 밤낮을 보내다가 잠깐 잠이 들었다고 해요.
저 아이하고는 달랐네요, 흐흐.
꾸벅
꾸벅

꿈속에서 한 마리의 뱀이 자기 꼬리를 물고 빙빙 돌고 있었다고 해요. 케쿨레는 그것을 6마리 원숭이 식으로 나타냈지요.

오늘날 우리가 벤젠의 구조식으로 사용하는 정육각형에 이중 결합이 교대로 되어 있는 것을 케쿨레 구조식이라고 하죠.
저 아이는 그런 꿈하곤 상관없는 것 같네요.
난 피자 먹을래~.
흠냐
흠냐

아스피린의 합성

인류가 가장 오랫동안 사용한 의약품은 아스피린이에요.
방향족 탄화수소 유도체인 아스피린은 누가, 언제, 어떻게 만들었을까요?

여섯 번째 수업

아스피린의 합성

리비히가 아스피린의 역사를 설명하며
여섯 번째 수업을 시작했다.

아스피린의 역사

여러분은 아플 때 약을 먹지요? 이때 우리가 사용하는 의약품의 대부분은 탄소 화합물입니다.

그렇다면 인류가 가장 오랫동안 가장 많이 사용한 약은 무엇일까요?

__ 한약이요.

__ 비타민 아닐까요?

인류가 가장 오랫동안 많이 사용한 약은 바로 해열 진통제

라고 해요. 그중 아스피린이 인류가 사용해 온 의약품 중에서 가장 많이 사용된 약이에요. 아스피린은 해열 진통제로 두통을 없애주고 신경을 안정하게 해 주는 약이지요.

인류가 해열과 진통의 목적으로 약을 사용한 역사는 무척 깁니다. 이집트에서 발견된 기원전 1550년에 만들어진 갈대 종이인 파피루스에 버드나무 껍질이 해열, 진통, 소염 효과를 가지고 있다는 사실이 기록되어 있어요.

기원전 400년쯤에는 서양 의학의 아버지로 불리는 히포크라테스가 버드나무 껍질을 해열 진통제로 사용했다는 기록이 남아 있어요. 히포크라테스가 버드나무 껍질을 해열 진통제로 사용한 이후 2천여 년이 지나서야 버드나무 껍질에 포

함된 성분이 확인되었습니다.

1830년대에 와서 버드나무 껍질의 해열 진통 작용은 버드나무 껍질에 들어 있는 '살리실산'이라는 방향족 화합물 때문이라는 것이 밝혀졌어요. 그 후 1859년에 콜베는 콜타르에서 살리실산을 대량으로 생산하는 방법을 개발하였으며, 1860년에는 페놀과 이산화탄소로부터 인공적으로 만드는 법을 발견했어요.

1875년 스위스의 의사인 카를부스는 살리실산이 장티푸스 환자와 관절염 환자에게 효과가 있음을 발견하였어요. 그러나 살리실산은 맛이 좋지 않고, 먹으면 구역질이 나며, 위장 장애가 심하여 매우 복용하기 어려운 약이었습니다.

그렇다면 아스피린은 누가 어떻게 만들었을까요?

　독일 바이엘(Bayer) 제약 회사의 화학자인 호프만은 아버지가 관절염 때문에 살리실산을 복용하면서 소화 불량 등의 위장 장애로 고생하는 모습을 보았습니다.

　호프만은 아버지를 위해 진통 효과가 있는 것으로 알려진 버드나무 껍질의 추출물을 연구했어요.

　수년 동안의 연구 끝에 호프만은 1897년에 버드나무 껍질에서 뽑아낸 살리실산을 아세트산과 반응시켜 위장 장애가 적은 아세틸살리실산을 합성하였어요. 살리실산의 수산기를 에스터로 변환시킨 아세틸살리실산은 살리실산만큼 강력한 약효를 갖지만, 위에서의 부식 작용은 덜한 것으로 밝혀졌습니다.

　1899년 3월 6일 바이엘 제약 회사는 아세틸살리실산을 가루 형태로 '아스피린'이라는 상품명으로 시판하였으며, 1915년부터는 현재의 알약 형태인 정제로 판매하기 시작했

아세트산　　　　　살리실산　　　　　　　아스피린

어요.

 아스피린(aspirin)이라는 이름은 아세틸(acetyl)의 'a'와 버드나무의 학명(spiraea)에서 'spir'를 따오고, 바이엘 제약 회사가 자사 제품이라는 의미로 제품 이름 끝에 'in'을 붙여 만들었다고 해요.

 이렇게 만들어진 아스피린은 20세기에 들어와 유럽에서 유행했던 독감 치료에 성공을 거둠으로써, 먹기 좋고 안전한 해열 진통제로 전 세계 모든 가정의 상비약으로 자리 잡고 있 어요. 하지만 호프만이 아스피린을 개발하여 의약품으로 사 용한 후 수십 년 동안 아스피린이 어떻게 해열 진통 작용을 하는지 그 이유를 알지 못했어요.

 그러다가 1971년 영국의 약물학자인 베인(John Vane, 1927~2004)이 우리 몸속에 있는 프로스타글란딘이라는 화학 물질이 통증과 열을 유발시키는데, 아스피린이 그 화학 물질 의 생성을 막아 줌으로써 해열과 진통 작용을 한다는 사실을 알게 되었어요. 이러한 연구 결과로 베인은 1982년에 노벨 생리 의학상을 수상하였지요.

 아스피린이 시판된 후 100여 년이 지난 오늘날, 아스피린 은 인류가 사용해 온 의약품 중에서 최고의 약으로 군림하고 있어요. 최근에는 아스피린이 혈액의 응고를 늦추는 작용을

한다는 것이 밝혀져, 심장 질환과 뇌졸중의 예방 목적으로도
사용되고 있어요.

아스피린의 부작용

하지만 최고의 약인 아스피린도 부작용은 있습니다. 아스
피린으로 인한 부작용에는 어떤 것이 있을까요?

아스피린을 복용하면 소화 기관의 궤양과 과민 반응이 나
타날 수 있어요. 또 기관지 천식이 있는 사람은 아스피린을
복용하는 경우 증상이 심해지기도 합니다. 그리고 아스피린
을 오랫동안 사용하면 위출혈과 알레르기 작용을 일으킬 수
가 있어요.

특히 수두나 유행성 감기에 걸려 있는 어린이는 아스피린
을 복용하면 뇌압이 올라가고 간이 손상되는 라이 증후군이
라는 치명적인 병이 생길 수 있으므로 아스피린의 복용을 피
해야 해요. 그리고 모든 의약품은 의사의 처방과 약사의 지
시에 따라 복용해야 해요.

그렇다면 어떻게 해야 아스피린의 부작용을 줄일까요?

아스피린의 부작용 중 하나는 완전히 녹지 않은 아스피린

알약이 위장에 닿아 출혈이 생기는 것입니다. 아스피린이 위
장에 주는 부담을 줄이려면 산의 작용을 줄이는 완충 용액 형
태의 약을 사용하면 됩니다. 그래서 현재 알칼리 완충제를
아스피린과 함께 혼합한 버퍼린(bufferin)이라는 상표명의
약이 시판되고 있어요.

　아스피린으로 인한 부작용을 줄이는 또 다른 방법은 아스
피린을 대신할 수 있는 해열 진통제를 개발하는 것입니다.
지금까지 개발된 해열 진통제 중 이부프로펜(ibuprofen)과
나프록센(naproxen)은 아스피린처럼 카복실기($-COOH$)를
갖고 있는 방향족 탄화수소 유도체예요.

이부프로펜

나프록센

이부프로펜은 아스피린과 같은 약효를 가지나 부작용은 아스피린에 비해서 훨씬 적은 것으로 알려져 있어요. 이부프로펜 성분이 들어 있는 해열 진통제로는 애드빌(advil), 모트린(motrin), 뉴프린(nuprin)이라는 상표명의 의약품이 시판되고 있어요.

나프록센은 아스피린과 같은 약효를 가지고 있으면서 6배나 오래 몸속에서 효과를 나타내는 것으로 알려져 있어요. 나프록센 성분이 들어 있는 해열 진통제로 나프로신(naprosyn)과 알리브(aleve)라는 상표명의 의약품이 시판되고 있어요.

아세트아미노펜(acetaminophen)은 위장 장애를 일으키는 아스피린 대신에 해열과 진통의 목적으로 많이 사용되고 있는 방향족 탄화수소 유도체예요. 아세트아미노펜 성분이 들어 있는 해열 진통제로 타이레놀이라는 상품명의 의약품이 시판되고 있어요. 아세트아미노펜은 아스피린에 비해서 위

아세트아미노펜

장에 주는 부담은 적지만, 다량 복용하면 간에 유독한 것으로 알려져 있어요.

아스피린을 대신할 수 있는 여러 가지 종류의 해열 진통제가 개발되어 있어, 요즈음은 아스피린이 심장 질환 예방 목적으로 더 많이 사용되고 있어요.

다음 시간에는 이러한 새로운 의약품의 개발에 대하여 알아보도록 해요.

만화로 본문 읽기

아이고, 머리야~! 아스피린 있으면 좀 줘.
잠을 너무 많이 자니까 머리가 아프지!
여러분, 아스피린도 탄소 화합물이란 걸 알고 있나요?

네. 우리가 사용하는 약품 대부분이 탄소 화합물이 아닌가요?
맞아요. 그럼 이 아스피린이 처음 버드나무 껍질에서 나왔다는 것은 몰랐겠죠?
버드나무 껍질이요?

네. 히포크라테스도 버드나무 껍질을 해열 진통제로 사용했지요. 바로 살리실산이 해열 진통 작용을 하는 것인데, 맛이 좋지 않고, 먹으면 구역질이 나며, 위장 장애가 심해 복용하기 매우 어려운 약이었지요.
해열 진통엔 버드나무 껍질이 최고지!

그러다 독일 제약 회사의 호프만이 살리실산을 아세트산과 반응시켜 위장 장애가 적은 아세틸살리실산을 합성하였는데, 지금도 아스피린이라는 상품명으로 시판되고 있어요.
아스피린이 그렇게 만들어졌군요.
아세트산   살리실산
아스피린   물

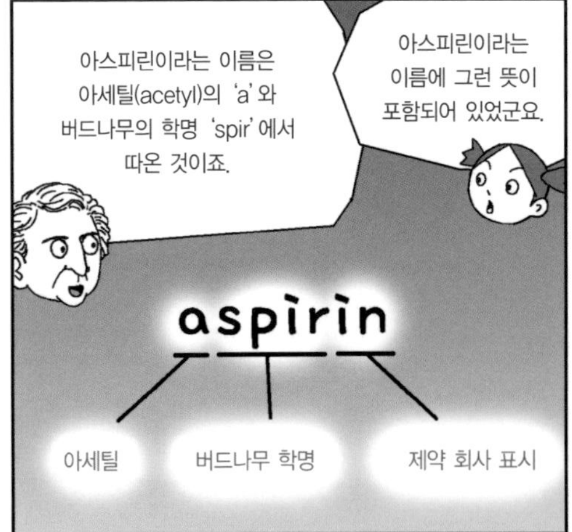
아스피린이라는 이름은 아세틸(acetyl)의 'a'와 버드나무의 학명 'spir'에서 따온 것이죠.
아스피린이라는 이름에 그런 뜻이 포함되어 있었군요.
aspirin
아세틸   버드나무 학명   제약 회사 표시

하지만 아스피린이 항상 좋은 약은 아니에요. 소화기관이나 천식에 부작용이 있을 수 있고, 수두나 감기에 걸린 아이에겐 치명적인 병이 생길 수 있어요.
모든 약은 의사의 처방에 따라 복용해야 한다는 말씀이시죠?
전 그냥 아스피린 안 먹을래요.

7

새로운 **의약품**의 개발

오늘날 새로운 의약품의 개발은
여러 분야의 과학자들이 공동으로 참여하는 종합 첨단 과학입니다.
새로운 의약품은 어떤 과정을 거쳐 개발되는지 알아봅시다.

새로운 의약품의 개발

리비히가 의약품에 대해 설명하며
일곱 번째 수업을 시작했다.

천연 의약품과 새로운 의약품의 개발

인간은 오래전부터 병을 고치거나 예방하기 위해 자연에서 얻는 천연 의약품을 사용해 왔습니다. 예를 들면, 진통제로 사용했던 양귀비, 해독제로 사용했던 감초, 기혈 보강을 위해 사용했던 인삼 등의 천연 의약품을 사용했지요.

동양에서는 기원전부터 자연에서 얻는 식물이나 광물을 이용하여 질병을 치료해 왔습니다. 이러한 천연 의약품에는 인삼을 비롯하여, 진통제로 쓰이는 작약의 뿌리나 이뇨제로 쓰

동양의 천연 의약품

이는 구기자, 거담제나 진해제로 쓰이는 도라지 등 종류가 수없이 많아요.

이와 같이 자연에서 얻은 천연 재료 그대로가 약품으로 이용되거나, 제약의 원료로 쓰이는 것을 생약이라고 합니다. 자연에서 산출되는 생약의 재료는 식물성이지요. 즉 식물에서 약리 작용이 있는 물질만을 적당한 용매에 용해시켜 뽑아내는 추출을 통하여 생약을 얻습니다.

흥분제인 카페인은 커피나무에서, 말라리아 치료제인 키니네는 키나나무에서 추출하였어요. 그러나 생약은 생산량이 매우 적어서 많은 사람들이 사용할 수가 없어요. 그래서 천연 의약품에서 약효 성분을 보다 신속하게 찾아내고 추출하여, 효과가 뛰어난 새로운 의약품을 개발하려는 과학적인 연구가 활발히 진행되고 있어요.

한국에서 인삼은 예로부터 귀한 약용 식물로 인식되어 민간에서 각종 질병을 다스리는 데 이용되어 왔는데, 오늘날에는 많은 과학자들의 노력으로 인삼의 약효에 관련된 성분 물질들이 밝혀지고 있습니다. 특히 인삼에 포함되어 있는 사포닌이라는 탄소 화합물은 임상 실험을 통해 암세포 전이 억제 작용이 있다는 사실이 입증되어 항암제로서의 기대를 갖게 하고 있지요.

서양에서 천연 의약품으로부터 의약품이 개발된 많은 사례 중 대표적인 것이 아스피린입니다. 지난 수업에서 이미 이야기한 바와 같이, 독일 바이엘 제약 회사의 화학자인 호프만이 해열 진통 작용을 하는 것으로 알려진 버드나무 껍질에서 살리실산이라는 방향족 탄화수소 유도체를 추출하여 아스피린이라는 의약품을 개발했지요.

그렇다면 새로운 의약품은 어떻게 만들어질까요?

하나의 새로운 의약품을 개발하는 데는 오랜 시간과 많은 노력이 필요하지요. 새로운 의약품을 개발하기 위해서는 집을 지을 때와 마찬가지로 우선 의약품 개발을 위한 설계를 해야 합니다. 설계가 끝나면 필요한 물질을 화학적으로 합성하거나 생약으로부터 추출하지요. 요즈음은 필요한 물질을 유전 공학적인 방법으로 얻기도 합니다.

서양의 천연 의약품인 버드나무 껍질

　개발된 의약품은 예상한 대로 약효가 있고 사람들에게 안전한지를 알기 위하여 동물 실험을 통해 그 결과를 검증하고, 이 과정이 끝나면 소수의 환자에게 직접 투여하는 임상 실험 과정을 거치게 됩니다. 이러한 과정이 모두 끝나면 의약품을 담당하는 기관의 허가를 받아 환자의 치료에 사용할 수 있게 되지요.

　하나의 새로운 의약품이 과학자의 처음 생각에서 완제품으로 생산될 때까지 소요되는 비용은 수천억 원 이상입니다. 이러한 엄청난 비용 때문에 대부분의 새로운 의약품의 개발은 주로 선진국에서 이루어지고 있어요. 즉 새로운 의약품의 개발은 부가 가치가 매우 높은 과학 기술 분야이지만, 개발

과정이 어렵고 비용이 많이 들기 때문에 위험 부담이 큰 투자입니다.

미국의 질리어드 제약 회사가 1996년에 개발하고 스위스의 로슈홀딩 제약 회사가 특허권을 가지고 있는 조류 인플루엔자 치료제인 '타미플루'라는 의약품이 있어요. 이 약품은 로슈홀딩 제약 회사가 독점 생산하므로 전 세계적으로 조류 인플루엔자가 유행했을 때 엄청난 이익을 보았어요.

그러나 반대의 경우도 있지요. 아스피린을 개발하여 세계적으로 유명해진 바이엘 제약 회사는 많은 돈을 투자하여 '바이콜'이라는 콜레스테롤 강하제를 개발하여 판매했습니다. 그러나 뒤늦게 바이콜이 인체에 치명적인 부작용을 일으키는 것으로 밝혀져 바이엘사가 이를 전량 시장에서 회수함으로써 큰 손해를 보기도 했지요.

타미플루

현대 의학의 발달과 새로운 의약품의 개발로 과거에 불치병으로 여겨지던 질병이 치료가 가능한 병으로 바뀐 경우는 얼마든지 있어요. 예를 들어, 1900년대 초까지만 하여도 매년 수백만 명의 사람들이 페스트와 같은 전염병으로 사망하였어요. 그 당시만 해도 전염병은 원인과 치료 방법을 모르는 불치병으로 모든 사람들에게 공포의 대상이었어요. 그러나 페니실린과 같이 강력한 항생제의 발명으로 1900년대 중반부터 대부분의 전염병을 치료할 수 있게 되었어요.

마찬가지로 현재 불치병으로 여겨지고 있는 질병들을 치료할 수 있는 새로운 의약품들도 과학자들에 의하여 개발되는 날이 올 것이에요. 불치병 치료를 위한 새로운 의약품의 개발 시기를 앞당기려면 불치병 연구에 대한 경제적 투자와 첨단 의학을 동원한 집중적 연구가 필요합니다.

현대의 의약품 개발

오늘날 불치병 치료를 위한 의약품의 개발은 어떻게 이루어지고 있을까요?

암과 같은 불치병의 치료약 개발에서 유전 공학을 이용한 연구가 활발하게 추진되고 있습니다. 백혈병 치료제인 글리벡은 암세포만을 골라서 죽이는 효과가 탁월합니다. 암 치료를 위한 인터페론 주사나 방사선 치료가 암세포는 물론 건강한 세포까지 죽여 여러 가지 부작용이 크게 나타난 것과 비교할 때, 글리벡의 효과는 획기적이라 할 수 있지요.

이러한 글리벡의 개발이 가능했던 것은 유전 정보를 해독하여 이를 최대한 활용했기 때문이라고 해요. 사람의 유전자 중에 백혈병을 일으키는 염색체를 가진 세포만을 죽이는 의약품이 개발된 것입니다.

인간의 유전 정보가 인간 게놈 프로젝트, 즉 인체의 유전자

유전 공학을 이용한 불치병 치료약 개발

속에 감춰진 유전 정보를 캐내는 기술로 해독됨으로써 글리벡처럼 특정 세포만을 파괴하는 새로운 의약품이 많이 개발될 것입니다. 따라서 암 전문가들은 앞으로 암을 불치병이 아닌 관절염과 같은 만성 질환으로 분류할 수 있을 것으로 보고 있어요.

오늘날 새로운 의약품 개발은 여러 분야의 과학자들이 공동으로 참여하는 종합 첨단 과학입니다. 즉, 화학자는 의약품을 설계하고 합성하며, 약리학자는 약리 효과를 조사하고 그들의 약리 작용을 규명하지요. 안전성 전문가는 독성이나 부작용을 조사하여 의약품이 인체에 무해한 물질이라는 것을 증명합니다. 생화학자는 인체 내에서 의약품의 신진 대사를 연구하며, 약학자는 투여에 적합한 형태로 의약품을 조제하기 위하여 필요한 데이터를 수집해요. 임상가는 의약품에 대한 임상 실험을 수행하며, 임상 병리학자는 임상 실험에서 얻은 자료를 분석하고 검토합니다. 그리고 통계학자는 임상 실험의 자료를 통계학적으로 정리하지요.

이와 같이 새로운 의약품 개발은 여러 분야의 많은 과학자, 즉 화학자, 약학자, 생화학자, 임상 병리학자, 의학자, 통계학자들이 서로 유기적인 관계를 갖고 협력해야만 가능한 것이므로, 과학과 의학이 모두 발달한 선진국에서 주로 이루어지고 있습니다.

의약품은 크게 두 부류로 나눌 수 있습니다. 하나는 우리의 몸속에서 생리적 반응을 일으키는 의약품이고, 다른 하나는 감염을 일으키는 세균의 성장을 방해하거나 죽이는 의약품입니다. 아스피린과 타이레놀, 합성 호르몬 및 심리적 효능을 가진 의약품들이 첫 번째 부류에 속하고, 페니실린과 테트라사이클린 등의 항생제와 항균제 등이 두 번째 부류에 속하는 의약품이지요.

많은 의약품들은 특별한 병이나 감염에만 작용합니다. 이런 특이성은 의약품의 화학적 구조, 즉 의약품 분자의 모양과 분자를 구성하는 원자의 성질과 위치가 의약품의 생리적 효력을 결정하기 때문이지요.

인체의 세포막에는 물질의 투과 여부를 조절하는 활성자리 또는 수용자리라고 하는 부분이 있어요. 이 활성자리에 잘 맞는 의약품이 높은 치료 효과를 갖게 되요. 그래서 의약품을 설계할 때에는 올바른 활성자리에 적당한 탄소 화합물을 합성합니다.

이와 같은 방법으로 새로운 마취제를 개발하였습니다. 모르핀은 양귀비에서 추출한 마취제로 분자 모양이 매우 복잡하여 합성하기가 매우 어려운 탄소 화합물이에요. 그러나 모르핀에서 마취 능력을 나타내는 부분의 구조를 알아내어, 이 부분을 분자 모양이 덜 복잡하여 쉽게 합성할 수 있는 탄소 화합물에 결합시켜 마취 능력을 나타내는 '데메롤'이라는 새로운 마취제를 개발하였습니다.

화학자는 새로운 의약품을 개발할 때 컴퓨터를 효율적으로 사용합니다. 컴퓨터 그래픽으로 개발하고자 하는 의약품과 활성자리의 모형을 설계하여 3차원적인 공간에서 의약품과 활성자리 사이의 상호 작용을 미리 점검해 봄으로써, 화학자는 의약품으로 사용할 수 있는 탄소 화합물의 모양과 구조를 설계할 수 있어요.

또한 화학자는 컴퓨터로 의약품의 모형 구조를 변경할 수도 있고, 새로운 탄소 화합물이 의약품으로 어떤 작용을 할 것인지를 구상해 볼 수도 있어요. 따라서 앞으로는 컴퓨터 기술에 의해 의약품의 설계와 개발이 많이 발달할 것으로 예상됩니다.

의약품의 올바른 사용

의약품은 아주 소량으로도 인체에 미치는 영향이 크기 때문에 매우 조심스럽게 다루어야 합니다. 어떤 화합물이 의약품으로 인정받아 시판이 허용되기 위해서는 인체에 부작용이 없어야 하며, 원하는 효과가 나타나야 하지요. 그리고 오랜 임상 실험을 거쳐 안정성이 입증되어야 합니다.

선진국으로 분류되는 국가에서는 새로운 의약품 개발에 대한 연구가 활발하고, 제약 산업이 발전하여 자체적으로 개발한 새로운 의약품을 다수 보유하고 있습니다. 이러한 나라들은 새로 개발한 의약품을 전 세계 시장에 독점적으로 공급함으로써 엄청난 이익을 보고 있어요.

한국의 경우는 그동안은 새로운 의약품 개발에 소홀하였으나, 정부의 지속적인 지원과 민간 연구 기관의 육성 등으로 새로운 의약품 개발에 많은 투자를 하고 있어요.

　그렇다면 이렇게 개발한 의약품을 많이 사용할수록 건강해지는 것일까요?

　의약품은 질병을 치료하거나 건강을 위해 도움이 되기도 하지만 경우에 따라서는 오히려 해를 끼칠 수도 있습니다. 따라서 의약품을 사용할 때는 항상 부작용도 함께 생각해야 해요.

　의약품을 사용할 때 의사의 처방과 약사의 지시대로 사용하지 않거나 용법대로 사용하지 않는 것을 '오용'이라 하고, 의학적인 용도가 아닌 다른 목적으로 사용하는 것을 '남용'이라고 합니다.

　흔히 비타민제, 진통제, 항생제들은 오·남용되기 쉬운 의약품들이에요. 또한 흥분제, 수면제, 향정신성 의약품을 오랜 기간 동안 사용하면 습관성 및 중독성이 나타날 수 있어 특히 조심해야 합니다.

　의약품 오용은 개인에게 피해를 주지만, 남용은 사회 전체 구성원들에게 피해를 줄 수 있기 때문에 국가에서는 향정신성 의약품 관리법을 제정하여 남용으로 인한 불행한 사태를 예방하기 위해 노력하고 있어요. 의약품 남용의 피해를 예방하기 위해서는 개인, 가정, 학교, 사회가 다 함께 노력해야 합니다.

의약품 오용과 남용 방지

삼림욕과 피톤치드

삼림욕은 몸과 마음을 동시에 치료해 주는 자연 건강 요법이라고 할 수 있어요. 숲 속에서 쾌적한 숲의 향기를 가슴 가득 호흡하면 폐 속의 오염 물질을 씻어 내릴 수 있을 뿐 아니라, 사람의 정서 상태를 순화시켜 마음을 한없이 너그럽게 해 줍니다.

삼림욕장의 숲에서 나오는 공기가 특히 몸에 이로운 것은 나무의 작용에 의한 것입니다. 나무는 광합성을 하면서 오염된 공기를 깨끗하게 해 주는 공기 정화 작용을 하며, 우리 몸에 이로운 탄소 화합물도 뿜어냅니다.

삼림욕장의 나무에서는 피톤치드라는 탄소 화합물이 나옵니다. 피톤치드는 식물을 의미하는 '피톤(phyton)'과 살균을 의미하는 '치드(cide)'가 합쳐져서 만들어진 말로, 식물이 외부의 해충과 병균, 박테리아로부터 스스로를 보호하기 위해 내뿜는 천연 항균 탄소 화합물이에요.

인체 내에는 균형을 이루지 못하고 떠돌아다니는 불필요한 산소가 있는데, 이것을 활성 산소라고 해요. 활성 산소는 일반적으로 말하는 산소보다 물질을 산화시키는 힘이 훨씬 크기 때문에 인체의 세포를 다소간 활성화하지만, 지나치게 많이 존재할 때는 나쁜 영향을 미칩니다. 이러한 활성 산소에 의해 암이나 동맥 경화 등이 발생한다는 것이 밝혀졌어요.

인체 내의 활성 산소는 인체의 효소와 항산화 물질에 의해

대부분 제거되지요. 그러나 제거되지 못한 과량의 활성 산소는 인체의 세포에 해를 입히게 되므로, 건강을 위해서 인체 내에 과량으로 존재하는 활성 산소를 제거해야 합니다. 이러한 활성 산소를 제거하기 위해서는 활성 산소를 제거하는 작용(항산화 작용)을 하는 항산화 물질, 일명 항산화제가 필요합니다. 항산화 물질에는 탄소 화합물인 비타민, 플라보노이드, 테르펜 등이 있지요.

삼림욕장에 풍부한 탄소 화합물은 어떤 작용을 할까요?

삼림욕장의 숲에 들어설 때 가장 먼저 콧속에 파고드는 향기는 테르펜이라는 탄소 화합물이에요. 테르펜은 식물이 만들어 내는 향기로운 방향성 탄소 화합물로 수세기 동안 수증기 증류로 추출하여 의약품과 향료 및 감미료로 사용하고 있습니다.

테르펜은 지금까지 알려진 것만도 140여 종류가 되는데, 곰팡이나 박테리아 등을 억제하거나 죽이는 살충 및 살균 효과를 가지고 있어요. 테르펜은 의약품으로 피부 자극제, 소염제, 혈압 완화제 등으로 이용되고 있으며, 거담제, 항히스타민제, 피로 회복제 등으로 쓰이기도 합니다.

삼림욕장의 숲에서 나오는 피톤치드는 항균 능력을 가진 여러 가지 종류의 테르펜을 총칭한 말입니다. 피톤치드는 나

무 등과 같은 식물이 가지는 자기 방어와 자가 치료를 위한 방향성 탄소 화합물로 항산화 물질이에요. 그러므로 피톤치드를 인간이 흡수하면 인체의 세포에 해로운 과량의 활성 산소를 제거하여 인간이 가지고 있는 방어 능력을 촉진시키므로, 우리의 몸을 건강하게 해 주지요.

나무와 식물에서 추출한 탄소 화합물을 어디에 사용하고 있을까요?

나무 등의 식물에서 추출한 휘발성을 가진 방향성 기름인 에센셜 오일은 여러 가지 종류의 테르펜으로 구성되어 있어요. 식물의 에센셜 오일의 주성분은 이중 결합을 가지는 사슬 모양 탄화수소류와 고리 모양 탄화수소류인 테르펜의 혼합물입니다.

요즈음에는 에센셜 오일을 사용하여 병을 치료하기도 하는데, 이러한 치료법을 아로마테라피 또는 향기 치료라고 해요. 아로마테라피란 말은 향기를 뜻하는 '아로마'와 치료를 뜻하는 '테라피'가 합쳐져서 만들어진 말이에요.

아로마테라피란 의약품에만 의존하지 않고 자연에서 나오는 천연 소재인 테르펜을 이용하여 인간이 원래 가지고 있던 방어 능력을 촉진시키고 자연 치유력을 높여서 각종 질병의 원인이 되는 스트레스와 심신의 불균형 상태를 치료하고자

하는 치료법입니다.

아로마테라피에서는 향기가 나는 식물인 허브의 꽃, 열매, 잎, 줄기, 뿌리 등에서 추출한 휘발성의 방향성 기름인 에센셜 오일을 이용하여 몸과 마음을 건강하게 하고, 우리 몸 안에 있는 자가 면역력을 증강시켜서 자연적으로 병을 치료하게 합니다.

아로마테라피에 사용하는 에센셜 오일의 주성분인 테르펜은 향기가 나는 식물인 허브 전체에 골고루 퍼져 있지만, 같은 허브라 할지라도 추출 부위에 따라 특성이 다른 테르펜이 추출되기도 합니다. 예를 들면, 오렌지는 꽃, 잎, 열매 등 추출 부위에 따라 테르펜의 종류가 다르기 때문에 성질과 용도가 달라요.

전 세계적으로 향기가 나는 식물인 허브에서 추출한 에센셜 오일의 종류는 100여 가지 이상인데, 이 중에서 옛날에는 사용하였지만 현재는 잘 사용하고 있지 않은 것도 많이 있습니다. 오늘날 많이 사용하고 있는 에센셜 오일에는 라벤더(lavender), 로즈마리(rosemary), 유칼립투스(eucalyptus), 페퍼민트(peppermint), 제라늄(geranium), 레몬(lemon), 로즈(rose), 자스민(jasmine), 계수(cinnamon), 오렌지(orange), 파인(pine) 등 50여 가지가 있어요.

만화로 본문 읽기

약 먹었으니까 곧 배탈이 낫겠지?
그럴 거야. 그런데 약 종류가 무지 많다. 약이 없던 옛날엔 아플 때 어떻게 했을까?
조실

옛날엔 '생약' 이라고 천연 재료를 그대로 쓰거나 천연 원료로 약을 만들었죠. 하지만 양에 한계가 있어 많은 사람이 사용할 수가 없었어요.
그럼 오늘날 새로운 의약품은 어떻게 만들어지나요?

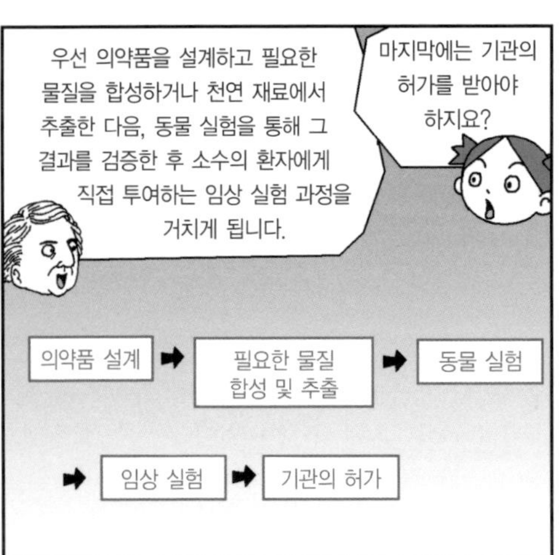

우선 의약품을 설계하고 필요한 물질을 합성하거나 천연 재료에서 추출한 다음, 동물 실험을 통해 그 결과를 검증한 후 소수의 환자에게 직접 투여하는 임상 실험 과정을 거치게 됩니다.
마지막에는 기관의 허가를 받아야 하지요?
의약품 설계 → 필요한 물질 합성 및 추출 → 동물 실험
→ 임상 실험 → 기관의 허가

맞아요. 하지만 이렇게 만들어진 의약품도 오용, 남용되면 다른 질병이 생길 수 있으니 주의해야 해요. 그래서 요즘은 자연 건강 요법이 관심을 받고 있죠.
삼림욕 같은 것 말씀이시죠? 그런데 삼림욕을 하면 왜 우리 몸에 좋은 건가요?
의약품의 오·남용 금지

그건 나무가 광합성을 하면서 오염된 공기를 깨끗하게 해 주는 공기 정화 작용을 하고, 우리 몸에 이로운 탄소 화합물도 뿜어내기 때문이죠.
나무가 탄소 화합물을요?

나무에서는 피톤치드라는 탄소 화합물이 나오는데 인간이 흡수하면 인체 세포에 해로운 활성 산소를 제거해 주지요.
지금 당장 삼림욕장에 가야겠어요.
나도, 나도!!!
피톤치드
활성 산소

8

고분자 탄소 화합물

우리 생활 주변의 많은 물건들은 고분자 탄소 화합물로 되어 있습니다.
고분자 탄소 화합물에는 어떤 것들이 있을까요?

고분자 탄소 화합물

교.	중등 과학 3	3. 물질의 구성
과.	고등 화학 Ⅰ	5. 물질 변화에서의 규칙성
연.	고등 화학 Ⅱ	2. 화학과 인간
계.		5. 물질의 구조

리비히가 조금 아쉬운 표정으로
마지막 수업을 시작했다.

벌써 마지막 수업 시간이 되었네요. 그동안 탄소 화합물에 대해 많은 내용을 알려 주려고 했는데, 여러분에게 많이 도움이 되었나요?

— 네!!!

그럼 조금 아쉽지만, 마지막 주제로 고분자 탄소 화합물의 종류에 대하여 알아보고, 일상생활에서 어떻게 이용되는지 살펴보도록 해요.

우리 생활에서 유용하게 쓰이는 물질 가운데 분자량이 대략 1만 이상이 되는 탄소 화합물을 고분자 탄소 화합물이라

고 합니다. 고분자 탄소 화합물에는 녹말, 단백질, 천연고무와 같이 자연에서 얻어지는 천연 고분자 탄소 화합물과 합성수지, 합성 섬유, 합성 고무 등과 같이 분자량이 작은 화합물로부터 합성한 합성 고분자 탄소 화합물이 있어요.

1926년 스타우딩거(Hermann Staudinger, 1881~1965)는 분자량이 작은 탄소 화합물로부터 분자량이 큰 고분자 탄소 화합물을 합성했습니다. 그 결과, 고분자 탄소 화합물은 많은 기본 단위 탄소 화합물이 결합하여 이루어진다고 생각하게 되었지요.

고분자 탄소 화합물을 만드는 기본 단위 탄소 화합물을 단위체라고 해요. 단위체는 분자 내에 이중 또는 삼중 결합이 있는 탄소 화합물입니다. 이들이 서로 결합하는 중합 반응을 통해 고분자 탄소 화합물인 중합체를 만들지요.

합성 고분자 탄소 화합물

먼저 우리 생활에서 많이 사용되고 있는 합성 고분자 탄소 화합물인 플라스틱, 합성 섬유, 합성 고무에 대하여 살펴보도록 해요.

플라스틱

우리 생활 주변에서 사용되고 있는 물건들 중 많은 부분이 플라스틱으로 만들어져 있어요. 인류의 역사를 주로 사용하는 물질의 재료에 따라 석기 시대, 청동기 시대, 철기 시대로 구분한다면, 지금은 플라스틱 시대라고 해도 과언이 아닐 만큼 플라스틱은 일상생활에서부터 자동차, 항공, 우주 등 각종 산업에까지 폭넓게 사용되고 있습니다.

소나무의 송진과 같이 나무에 상처가 났을 때 흐르는 반고체 상태의 물질을 수지라고 하는데, 이와 비슷한 물질을 사람들이 인공적으로 만든 것을 합성수지라고 합니다. 이러한 합성수지가 제품의 재료로 사용될 때는 '플라스틱'이라고 부르므로, 합성수지로 만든 제품을 플라스틱 제품이라고 해요.

플라스틱은 어떻게 만들어지며, 어떤 종류가 있을까요?

플라스틱은 대표적인 합성 고분자 탄소 화합물로서 대부분

원유의 분별 증류에서 얻어지는 나프타를 분해하여 얻은 탄소 화합물을 단위체로 하여 중합 반응으로 만든 것입니다.

플라스틱은 가볍고 광택이 있으며 착색이 쉽고 잘 썩지 않는 성질이 있습니다. 또한 외부의 힘과 충격을 잘 흡수하는 성질이 있으며, 열과 전기가 잘 통하지 않고 화학 약품에 강해요. 그리고 플라스틱은 석유 화학 공장에서 대량으로 생산이 가능하고, 상온에서는 고체 상태이지만 높은 온도나 압력에서는 녹기 때문에 원하는 모양으로 쉽게 가공할 수 있습니다. 그러므로 플라스틱의 용도와 제품의 종류는 엄청나게 많지요.

우리가 주변에서 찾아볼 수 있는 플라스틱 제품으로는 식기류에서부터 장난감, 학용품, 전자 제품, 건축 자재, 자동차

여러 가지 플라스틱 제품

와 비행기의 부품 등에 이르기까지 매우 다양합니다. 또한 플라스틱은 헬멧, 스펀지, 스타이로폼, 각종 화학 약품의 시약병, 화장품병 등으로도 이용되고 있지요.

플라스틱은 열에 대한 성질에 따라 열가소성 플라스틱과 열경화성 플라스틱으로 구분해요. 열가소성 플라스틱은 열에 의해 쉽게 변형되는 성질이 있어 가열하면 물러지고 냉각하면 굳어집니다. 반면에 열경화성 플라스틱은 열에 강하므로 쉽게 변형되지 않아요.

열가소성 플라스틱은 전기 절연체나 생활용품 등에 많이 이용되고 있어요. 열경화성 플라스틱은 강도가 크고 열과 전기의 절연성이 우수하여 냄비나 다리미의 손잡이 등에 사용되고 있습니다.

우리들이 사용하고 있는 플라스틱이라는 용어는 그리스어인 '성형하기에 알맞다'는 뜻의 'plastikos'에서 유래되었습니다. 플라스틱은 가볍고 강하며, 쉽고 빠르게 아름다운 색깔과 형태를 만들 수 있어 우리 생활의 많은 곳에서 광범위하게 이용되고 있지요.

플라스틱은 일반적으로 전기를 통하지 않는 절연체예요. 그러나 플라스틱에 은, 동, 니켈 등의 전기 전도성 금속 물질을 일부 혼합하여 전기를 통하는 전기 전도성 플라스틱도 만

콘덴서

자동 차폐기

전기 전도성 플라스틱

들 수 있습니다. 이러한 혼합물 형태의 전기 전도성 플라스틱은 단추형 플라스틱 전지, 콘덴서, 센서 등에 이용되고 있어요.

반면에 플라스틱 자체가 전기 전도성을 갖도록 개발한 전기 전도성 플라스틱은 안정성과 내열성 문제로 사진 필름과 컴퓨터 화면 보호기 등에 필름 형태로만 사용되고 있습니다. 그러나 앞으로는 자동차와 전자의 부품, 정전기 방지를 위한 장갑과 의류, 전선 분야 등에도 이용될 수 있을 것입니다.

현재의 전기 전도성 플라스틱은 전기 전도도가 구리의 1% 이하에 불과해요. 그러나 구리처럼 전기 전도도가 큰 전기 전도성 플라스틱이 개발된다면, 구리 대신으로 전극 재료나 태양 전지 재료로의 활용 등 그 용도는 엄청날 것으로 예상되지요.

과학자의 비밀노트

전기가 통하는 합성 고분자 재료

합성 고분자 탄소 화합물인 합성 고분자 재료는 이제까지 전기 절연체인 점이 큰 특징이다. 이러한 특징 때문에 전선과 케이블, 집적 회로 등 전기와 전자 공업을 비롯한 각종 분야에서 사용하여 왔다. 그러나 사무 자동화 기기나 자동차에서 합성 고분자 재료는 전자파를 방지하는 데 오히려 불리하므로, 이를 해결하기 위해서 전기를 통하는 전기 전도성 합성 고분자 재료가 필요하게 되었다.

현재 주로 사용되고 있는 전기 전도성 재료는 각종 합성수지와 합성 고무에 은, 동, 니켈 등의 전도성 금속 분말을 첨가한 복합 재료이다. 그러나 최근에 주목을 받고 있는 것은 합성 고분자 재료 자체가 전기 전도성을 갖는 전기 전도성 합성 고분자 재료의 등장이다. 지금까지 발견된 전기 전도성 합성 고분자 재료들은 안정성과 내열성 문제로 사진 필름, 컴퓨터 화면 보호기 등 필름 형태로만 사용되고 있다.

그러나 전기 전도성 합성 고분자 재료는 자동차와 전자 부품 외에 정전기 방지를 위한 장갑과 의류 등에도 이용될 수 있고, 또한 전선 분야에서도 매우 중요한 역할을 할 것으로 기대된다. 전기 전도성 합성 고분자 재료에 대한 연구는 시작 단계에 있기 때문에, 광범위하게 사용되기까지는 앞으로도 상당한 시간이 필요할 것으로 전망된다.

플라스틱은 여러 가지 장점을 가지고 있지만 열에 약하다는 단점 때문에 사용 용도가 제한되고 있었어요. 그러나 강도가 강하고 열에도 강한 고강도 내열성 플라스틱이 개발되어 금속과 세라믹 대신에 기계류의 부속품과 인공 장기 등에 사용되고 있습니다.

플라스틱은 생활에 편리함을 주기도 하지만 피해를 주기도 합니다. 플라스틱으로 인한 피해에는 어떤 것이 있을까요?

플라스틱은 가볍고 단단하며, 가공하기 쉽기 때문에 금속이나 나무를 대체하여 다양한 용도로 널리 사용되고 있으나, 사용량이 폭발적으로 증가함에 따라 사용하고 버리는 폐플라스틱의 처리는 사회 문제가 되고 있어요.

이러한 문제점 때문에 자연 상태에서 미생물이나 빛에 의해 썩거나 분해되는 분해성 플라스틱을 만들어 사용하는데, 지금은 포장재, 일회용 용기, 수술용 실인 봉합사 등에 이용되고 있습니다.

분해성 플라스틱 외의 플라스틱은 사용 후 분해되지 않고 매립하여도 잘 썩지 않아요. 또한 태워도 완전 연소가 어렵고 냄새가 많이 나며 유독 가스를 배출하기 때문에 환경 오염

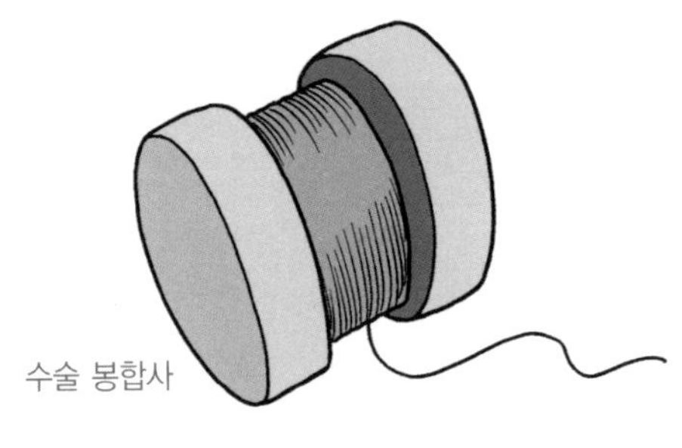

분해성 플라스틱

을 일으킵니다.

도시와 농촌, 산과 바다 등 곳곳에 버려진 폐플라스틱으로 자연 환경이 오염되고 자연 생태계가 파괴되는 등 지구 환경이 큰 피해를 입고 있어요.

그럼 폐플라스틱으로 인한 피해를 어떻게 줄일 수 있을까요?

폐플라스틱은 단순 매립이나 소각하여 처리하는 것보다 분리수거하여 플라스틱 제품의 재료로 재활용하는 것이 경제적일 뿐만 아니라 환경 보호에도 유익해요. 분리수거한 폐플라스틱을 재료로 사용한 재활용 제품으로는 농업용 자재, 건축용 자재, 공업용 자재, 각종 블록 등이 있습니다.

합성 섬유

우리가 입고 있는 옷을 만드는 재료는 그 용도에 따라 여러 가지 종류의 섬유가 이용되고 있습니다.

인류는 아주 먼 옛날부터 목화에서 얻은 면이나 양털에서 얻은 모직물로 옷을 만들어 입었어요. 이러한 천연 섬유는 촉감이 좋고 따뜻하지만 질기지 못하여 쉽게 닳고 대량으로 얻을 수 없었습니다. 그래서 오늘날에는 실크, 양모, 면, 마 등 천연 섬유 대신에 석유로부터 얻은 탄소 화합물을 원료로

한 합성 섬유를 만들어 천연 섬유를 대체하고 있어요.

천연 섬유를 대체한 합성 섬유는 긴 사슬 모양의 구조를 가진 고분자 탄소 화합물로 나일론, 테릴렌, 테크론, 비닐론 등이 있습니다.

나일론은 미국의 화학자 캐러더스(Wallace Carothers, 1896~1937)에 의해 최초로 합성된 고분자 탄소 화합물로, '석탄과 물과 공기로 만들어진 철보다 강한 섬유'라는 광고와 함께 그동안 많이 판매되었어요. 나일론은 탄소 화합물인 아디프산과 헥사메틸렌다이아민을 단위체로 하여 중합 반응으로 만들어진 것입니다.

나일론을 합성한 캐러더스

나일론과 같은 합성 섬유의 발명은 천연 섬유에만 의지하였던 섬유 산업이 합성 섬유로 대체되는 변화를 가져왔습니다. 긴 사슬 모양을 이루고 있는 고분자 탄소 화합물인 합성 섬유에는 폴리아마이드계 섬유, 폴리에스테르계 섬유, 폴리비닐계 섬유가 있어요.

나일론은 대표적인 폴리아마이드계 섬유로 그물, 전선 절연 재료, 칫솔 등에 널리 이용되고 있습니다. 그러나 나일론으로 만든 섬유는 질기지만 땀을 잘 흡수하지 못하고 정전기가 잘 생기며, 열에 약한 것이 단점이에요.

나일론 외에 많이 이용되고 있는 합성 섬유로는 테레프탈산과 에틸렌글리콜을 중합시켜 만든 테릴렌이 있습니다. 테릴렌과 같은 폴리에스테르계 섬유는 다른 합성 섬유보다 쉽게 구겨지지 않아 주름도 잘 가지 않으며, 모양도 잘 변하지 않으면서 양모와 비슷한 성질을 가지고 있어요. 그러므로 와이셔츠나 블라우스, 점퍼나 코트 등 여러 가지 의류의 재료로 많이 사용되고 있지요.

합성 고무

열대 지방의 고무나무에서 흘러나오는 수액인 라텍스를 원료로 하여 만든 생고무는, 너무 무르고 탄성이 적기 때문에

보통 황을 첨가하여 자동차 바퀴로 사용하였습니다. 생고무는 탄소 화합물인 아이소프렌의 중합체로 열분해하면 아이소프렌을 얻을 수 있지요.

생고무는 대량 생산이 어렵기 때문에 유사한 구조를 가지면서 다양하게 사용할 수 있는 합성 고무를 개발하게 되었습니다. 합성 고무에는 네오프렌 고무, 스타이렌-부타다이엔 고무(SBR), 나이트릴-부타다이엔 고무(NBR) 등이 있어요.

네오프렌 고무는 탄소 화합물인 클로로프렌을 단위체로 하여 중합 반응으로 만든 중합체로 합성 고무 중 가장 광범위하게 사용되고 있으며, 여러 가지 용도로 사용하던 천연 고무를 대신하고 있습니다. 네오프렌 고무는 화학 약품, 기름, 열, 공기, 광선에 잘 견디므로 호스, 테이프, 구두창, 자동차 타이어의 고무 튜브 제조에 이용되고 있어요.

합성 고무 제품

스타이렌-부타다이엔 고무(SBR)는 잘 닳지 않는 성질인 내마모성이 좋아 자동차의 타이어 등에 이용됩니다. 그리고 스타이렌의 혼합비를 증가시키면 딱딱해지는데, 이것은 고무 타일과 구두창 등에 이용되고 있어요.

천연 고분자 탄소 화합물

우리가 생명을 유지하는 데 필요한 물질인 천연 고분자 탄소 화합물에는 단백질과 탄수화물 등이 있어요.

단백질

유전자란 생물체가 가지고 있는 염색체 DNA 배열에서 특정한 기능을 담당하는 부분을 말합니다. 이러한 인간의 유전자 속에 감춰진 유전 정보를 캐내는 인간 게놈 프로젝트가 완성됨에 따라 유전 공학의 시대가 열렸어요.

인간의 유전자를 연구하기 위해서는 먼저 단백질에 대한 연구가 필요합니다. 단백질은 동물체의 조직인 근육, 피부, 머리털, 뼈 등을 구성하는 중요한 성분으로 수많은 아미노산의 중합체예요. 또한 세포 내 각종 화학 반응의 촉매 역할을

하고, 항체를 형성하여 면역 기능을 가능하게 하는 대단히 중요한 고분자 탄소 화합물입니다.

단백질은 몸속의 세포와 조직을 구성하는 고분자 탄소 화합물이에요. 피부, 근육, 머리카락, 손톱을 비롯하여 소화 효소, 호르몬, 피 속의 헤모글로빈도 모두 단백질로 구성되어 있으며, 인체의 약 15%가 단백질로 구성되어 있습니다. 단백질은 우리 몸을 구성하는 물질 중에서 물 다음으로 많이 차지하는 성분으로, 세포를 건조시켜 무게를 재면 그 절반은 단백질이지요.

단백질은 탄소, 수소, 산소, 질소 그리고 황 등의 원자로 이루어져 있으며, 모든 단백질은 아미노산이라고 하는 작은 탄소 화합물들이 중합하여 이루어진 중합체입니다. 따라서 단백질을 분해시키면 아미노산이 생성되지요.

우리 몸을 구성하고 있는 단백질의 종류는 매우 다양하지만, 모두 20여 종의 아미노산이 길게 결합한 구조입니다. 이 아미노산 중 절반은 필요에 따라 우리 체내에서 만들어지지만, 나머지 절반은 음식물을 통해 섭취해야만 합니다.

우리가 섭취해야 하는 10여 가지 아미노산을 필수 아미노산이라고 불러요. 그리고 우리 몸을 이루고 있는 단백질은 끊임없이 분해되고 합성되기 때문에 단백질을 합성하기 위해서는 아미노산을 계속 공급해 주어야 합니다. 특히, 성장기의 어린이에게는 더욱 많은 단백질이 필요합니다.

단백질은 몸을 구성하는 물질이며, 아울러 체내의 모든 화학 반응을 돕는 효소로서 작용하고 있기 때문에 없어서는 안 될 아주 중요한 고분자 탄소 화합물이에요.

단백질 분자는 직선형이 아니라 나선형 구조를 이루고 있어 열, 강한 산, 알코올, 중금속 이온 등에 의해 입체 구조가 변형되는데, 이것을 단백질의 변성이라고 합니다.

10종의 필수 아미노산

단백질은 물에 녹지 않는 것이 많으나, 달걀흰자와 같은 것은 물에 녹아 콜로이드 용액이 되고, 가열하면 70~75℃에서 응고되지요. 이렇게 달걀흰자가 열에 의해 응고하는 것은 단백질 변성의 한 예입니다.

또한 단백질은 산, 알칼리, 중금속 이온 등에 의해서도 변성을 일으켜요. 따라서 식품에 중금속이 포함되어 있으면 효소나 호르몬의 단백질을 변성시켜 이들의 기능을 저하시키므로 항상 주의를 기울여야 합니다.

탄수화물

녹색 식물이 광합성을 통하여 이산화탄소와 물로부터 합성하는 포도당, 설탕, 녹말, 셀룰로오스 등을 탄수화물이라고 하는데, 이는 탄소와 물을 구성하는 수소와 산소를 포함하고 있는 탄소 화합물이라는 뜻이에요.

밥을 주식으로 하는 우리는 생활하는 데 필요한 대부분의 에너지를 탄수화물로부터 얻으며, 탄수화물은 당류라고도 해요. 음식물로 섭취한 탄수화물은 몸속에서 최종적으로 포도당으로 분해되어 에너지원으로 이용되지요.

설탕은 단맛이 강해서 우리가 많이 이용하는 탄수화물로 몸속에서 포도당과 과당으로 분해가 됩니다.

녹말과 셀룰로오스는 여러 개의 포도당이 중합하여 만들어진 고분자 탄소 화합물로, 분자 내에 똑같이 많은 산소와 수소를 가지고 있으나, 그 구조와 성질은 다릅니다.

녹말은 전분이라고도 하며, 녹색 식물의 광합성에 의하여 이산화탄소와 물로부터 만들어진 고분자 탄소 화합물이에요. 우리가 먹는 쌀도 대부분 녹말로 이루어져 있습니다. 녹말은 맛과 냄새가 없는 흰색 분말로 감자, 고구마, 밀, 옥수수 등에 많이 포함되어 있지요.

녹말은 찬물에는 잘 녹지 않지만 뜨거운 물에는 조금 녹는 성질이 있어요. 그리고 녹말 용액에 요오드 용액을 가하면 푸른색이나 보라색으로 변하는데, 이와 같은 반응을 요오드 – 녹말 반응이라고 하며, 녹말의 검출에 이용하고 있습니다.

녹말은 그 원료에 따라 감자녹말, 고구마녹말, 밀녹말, 옥수수녹말 등으로 나누며, 특히 고구마녹말은 산 또는 효소로 분해하여 물엿이나 포도당으로 만들 수 있어 과자, 잼, 술 등의 원료로 사용하고 있어요. 다른 녹말들은 식품, 풀, 의약품 등에 사용하고 있지요.

녹말과 셀룰로오스의 구조는 어떻게 다를까요?

녹말과 셀룰로오스는 모두 여러 개의 포도당이 중합하여 만들어진 중합체예요. 그러나 분자 구조상 녹말은 α-포도당

을 단위체로 하는 중합체이고, 셀룰로오스는 β-포도당을 단위체로 하는 중합체이므로 구조와 성질은 많이 다릅니다.

셀룰로오스는 섬유소라고도 하며, 냄새가 없는 백색 고체로 물에 녹지 않고, 탄수화물 중에서 분자량이 가장 큰 고분자 탄소 화합물이에요. 셀룰로오스는 알칼리에는 강하나 산에서는 분해되어 β-포도당이 되지요.

셀룰로오스는 자연계에 대량으로 존재하는 고분자 탄소 화합물이며, 공업적으로 중요한 자원이에요. 즉 종이와 의류의 원료로 사용되며, 솜은 거의 순수한 셀룰로오스로 이루어져 있습니다.

셀룰로오스는 녹말과 같은 분자식을 가지고 있으며, 식물 세포막의 주성분으로 식물체의 30~50%를 차지하고 있어요. 특히 솜, 삼베, 펄프 등은 순수한 셀룰로오스에 가까우며, 셀룰로오스를 묽은 산으로 분해하면 β-포도당이 되지요.

녹말의 단위체는 α-포도당이고, 셀룰로오스의 단위체는 β-포도당입니다. 이와 같이 우리가 먹을 수 있는 녹말과 먹을 수 없는 셀룰로오스의 근본적인 차이는 포도당의 결합 형식이 분자 구조상 각각 α-형과 β-형으로 되어 있기 때문이지요.

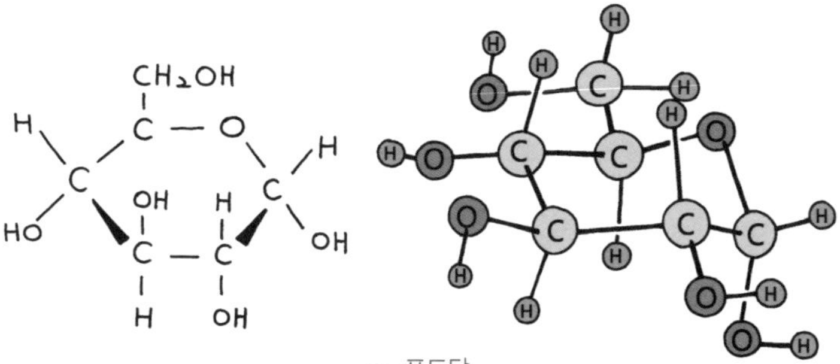

α-포도당

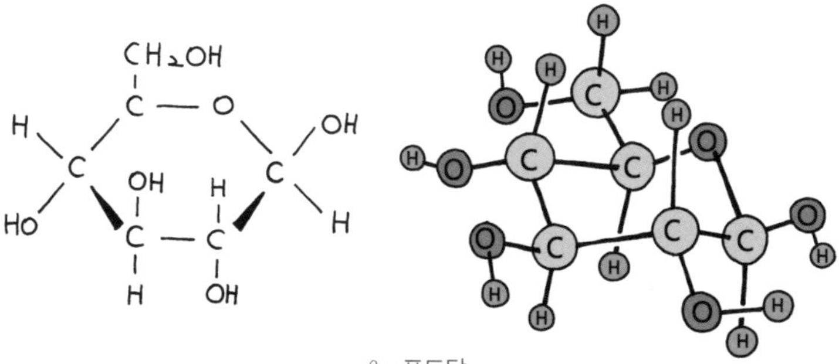

β-포도당

　소와 같이 되새김질을 하는 동물은 혹위와 벌집위의 박테
리아에 의해 셀룰로오스를 소화시켜 영양소를 얻습니다. 그
리고 아프리카의 흰개미는 장에 균을 기생시켜 셀룰로오스
를 소화시킴으로써 영양소를 얻고 있어요. 그러므로 셀룰로
오스를 인간이 소화시킬 수 있는 α-포도당으로 전환시킬 수
있다면, 미래의 식량 문제가 해결될 수 있을 것입니다.

　따라서 과학자들은 셀룰로오스의 발효법이라는 생물학적

셀룰로오스의 α-포도당으로의 전환 연구

방법을 사용해서 셀룰로오스를 인간이 소화시킬 수 있는 α-포도당으로의 전환에 대한 연구에 많은 노력을 하고 있어요. 그러므로 가까운 미래에 셀룰로오스가 인간의 식량 자원으로써 활용될 수 있으리라 기대하고 있어요.

그동안 탄소 화합물에 대하여 어느 정도 이해를 하였나요? 이제 탄소 화합물에 대한 이야기를 마무리할 때가 되었군요. 우리의 몸과 주변의 수많은 물질을 구성하고 있는 탄소 화합물에는 어떤 것들이 있으며, 이들이 어떤 원소로 구성되어 있는지와 어떤 모양인지를 알아내려는 인류의 노력은 지난 180년 동안 대단한 성공을 거두었어요. 이제 우리는 탄소 화합물의 종류와 구조에 대해 많은 것을 알아냈다고 큰소리 칠 수 있게 되었어요.

그러나 아직 끝난 것은 아니에요. 우리 몸을 구성하고 있는 탄소 화합물들의 역할과 작용, 그리고 새로운 기능을 가지는 탄소 화합물의 합성 등은 앞으로도 끊임없는 연구가 필요해요. 또한 탄소 화합물이 연소할 때나 몸속에서 분해될 때 발생하는 이산화탄소에 의한 지구 온난화 문제도 탄소 화합물을 연구하는 유기 화학자들이 다른 분야의 과학자들과 서로 협력을 하면서 해결해야 할 문제들이지요.

여러분이 본격적으로 과학을 연구하게 될 미래에는 수많은 새로운 탄소 화합물들이 합성되어 지금보다 더 편리하고 윤택한 생활을 하고 있을지도 모르지요. 그렇지만 새로운 기능을 가지는 탄소 화합물의 합성과 더불어 의약품의 개발, 그리고 우리 몸을 구성하고 있는 탄소 화합물의 역할과 작용 등에 대한 과학자들의 연구는 앞으로도 계속될 것이에요.

우리가 지금까지 자연계에 존재하는 탄소 화합물의 종류와 구조 및 역할에 대해 많은 것을 알아내기는 했지만 자연계에 존재하는 탄소 화합물에는 여전히 많은 비밀이 있어요. 자연

계는 그 비밀을 알아내기 위해 도전하는 사람들에게만 자신
의 비밀을 조금씩 드러내 보여 주지요. 여러분도 자연계에
존재하는 탄소 화합물의 비밀을 밝혀내려는 위대한 작업과
새로운 기능을 가지는 탄소 화합물의 합성에 동참하게 되기
를 바라면서 탄소 화합물에 대한 강의를 마치겠어요. 강의를
열심히 들어 주어서 대단히 고맙습니다.

여러분, 혹시 '고분자 탄소 화합물'이라는 말 들어보았나요?
'고분자'라고 하니까 왠지 어려울 것 같아요.

하하, 어렵지 않아요. 플라스틱도 고분자 화합물이에요. 분자량이 대략 1만 이상이 되는 탄소 화합물을 고분자 탄소 화합물이라고 하지요.
이런 장난감도요?

네. 플라스틱 제품, 합성 섬유, 합성 고무 등을 합성 고분자 탄소 화합물이라고 하지요.
그런데 TV에서 플라스틱은 환경 오염 때문에 문제가 많다고 하던데요.
환경 오염?

맞아요. 그래서 분해성 플라스틱을 사용하거나 분리수거하여 재활용하는 것이 중요하죠.
저도 분리 배출을 철저히 하고 있어요.
난 땅에 묻힌 지 10년 됐어.
난 50년이 넘었어.
흐흐흐, 세월이 흐르면 지구는 온통 우리가 뒤덮겠군.

또 캐러더스가 합성한 '철보다 강한 섬유'인 나일론도 합성 고분자 탄소 화합물이죠.
합성 고분자 탄소 화합물이 있으면 천연 고분자 탄소 화합물도 있나요?
오~
이게 바로 철보다 강한 합성 섬유인 나일론이지요!
오~

네. 가장 대표적인 것이 단백질과 탄수화물 등이죠. 둘 다 우리 몸에 없어서는 안 될 영양소이죠.
따지고 보면 우리 몸 자체가 고분자 탄소 화합물이군요.

유기 화학의 시조로 불리는 리비히

Justus von Liebig, 1803~1873

리비히는 독일의 다름슈타트에서 의약품과 물감을 제조, 판매하는 상인의 아들로 태어났습니다. 17세가 되던 해에 독일의 본 대학에 입학하여 화학 공부를 시작하다가, 지도 교수를 따라 에를랑겐 대학으로 옮겼습니다. 그러나 화학 교육이 실험과 관찰에 근거한 것이 아니어서 실망을 하고 학업을 중단하였습니다.

집으로 돌아와 폭발물의 연구와 실험으로 소일을 하던 중, 다름슈타트의 대공 루돌프 1세의 지원으로 소르본 대학에서 다시 화학 공부를 시작하였습니다. 그곳에서 게이뤼삭 교수를 만나 실험과 이론이 부합되는 강의를 받으며 화학 실험에 대한 열망이 불붙게 되었습니다. 게이뤼삭 교수는 리비히의 폭발물에 대한 연구를 옆에서 도와주었습니다.

리비히는 21세에 기센 대학의 교수로 임명되었는데, 그의 실험 위주의 화학 교육으로 법학과의 호프만과 건축과의 케쿨레가 화학과로 전과하여 리비히의 제자가 되었습니다. 이 밖에 게르하르트, 윌리엄슨, 에를렌마이어 등의 제자들이 있었는데, 모두 유기 화학에 큰 업적을 남겼습니다.

리비히의 업적으로는 클로로포름의 발견, 최면약인 클로랄의 발견, 알데하이드의 발견, 유기 염기의 분자량 측정법, 요소의 정량법, 증류기의 냉각 장치 발명, 연소법에 의한 유기 화합물 정량 등이 있습니다. 또한 리비히는 사이안화 칼륨의 제조법, 니켈과 코발트 등의 분석법을 연구하였습니다.

그리고 1840년에 식물이 공기 중에서 이산화탄소를 섭취하고, 흙에서 칼륨, 나트륨, 칼슘, 마그네슘, 철 등과 황산, 인산 등을 섭취한다는 것을 증명하였고, 암모니아와 질소 화합물은 나뭇잎의 성장을 촉진시키며, 식물의 탄소 동화 작용을 돕는다는 것을 최초로 밝혔습니다.

이와 같은 눈부신 업적으로 리비히는 세계 각국으로부터 훈장과 학위 및 명예 칭호 등을 수여받았으며, 1845년부터는 남작으로 호칭되었습니다.

언제, 무슨 일이?

과학사
세계사
프랑스, 워털루 전투를 끝으로
나폴레옹 전쟁 종결
베르셀리우스
탄소 화합물의 정량적인 분석
1815
미국, 대통령 선거에서
앤드류 잭슨 당선
뵐러
탄소 화합물인 요소 최초 합성
1828
조선, 영국 상선 로드 암허스트 호가
충청도 해안에 표착하여 통상 요구
리비히
탄소 화합물의 원자 배열 규명
리비히 〈화학 연보〉 창간
1832
미국, 남북전쟁 종결
케쿨레
벤젠의 구조식 최초 제안
1865
만국우편연합(UPU),
스위스 베른에서 발족
반트호프
탄소의 정사면체 모형 제창
1874

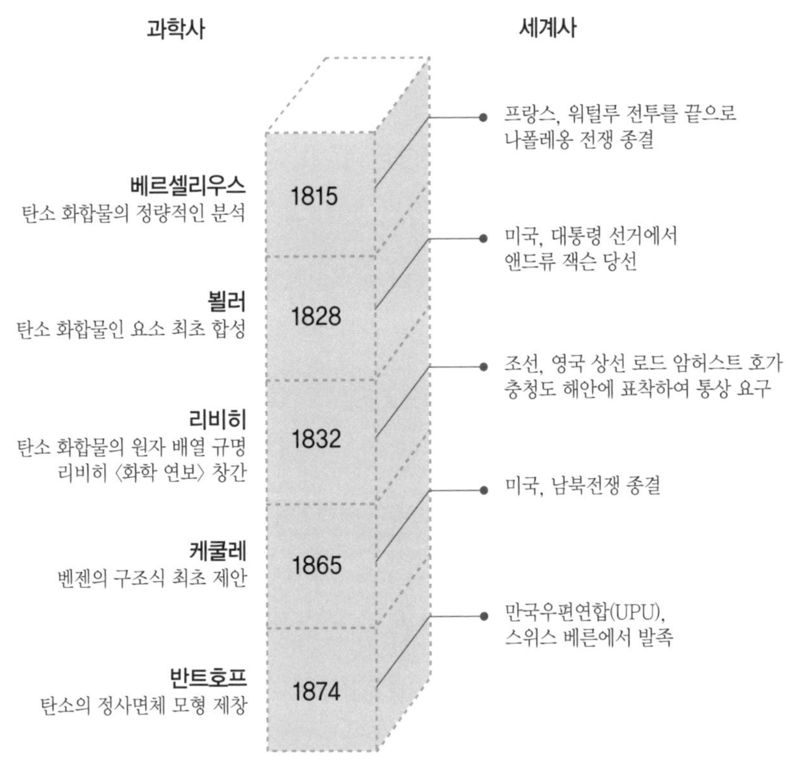

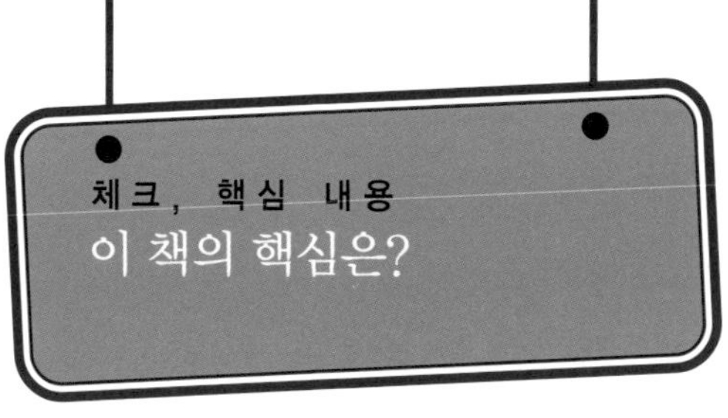

1. 탄소 원자의 원자가는 ☐가이며, 수소 원자의 원자가는 ☐가입니다.

2. 유기 화학은 ☐☐ 화합물을 연구하는 학문입니다.

3. 뵐러가 실험실에서 최초로 만들어 낸 탄소 화합물은 사람의 오줌 속에 있는 ☐☐라는 물질입니다.

4. 삼림욕장에서 나오는 ☐☐☐☐는 식물이 만들어 내는 천연 항균 탄소 화합물로, 사람의 건강에 이로운 역할을 합니다.

5. 케쿨레가 제안한 벤젠의 구조는 6개의 탄소 원자가 ☐☐☐☐으로 결합되어 있는 ☐☐ 모양입니다.

6. 오랜 옛날부터 버드나무 껍질에서 추출하여 사용하였던 해열 진통제 성분이 의약품으로 개발된 것이 ☐☐☐☐입니다.

7. 우리 생활에 유용하게 쓰이는 물질 가운데 분자량이 1만 이상이 되는 탄소 화합물을 ☐☐☐ 탄소 화합물이라고 합니다.

1. 4 2. 탄소 3. 요소 4. 피톤치드 5. 정육각형, 고리 6. 아스피린 7. 고분자

인공 장기

　생활 수준의 향상과 고령화 추세로 건강에 대한 관심이 날로 높아지고 있습니다. 그러나 한편에서는 암과 성인병, 후천성 면역 결핍증(AIDS) 등의 현대병과 교통사고, 산업 재해 등 수많은 문제가 우리 앞에 놓여 있습니다.

　이러한 현실에 대응하여 의학도 경이로운 진보를 이룩하였으며, 의료 기기 역시 발전을 거듭하고 있습니다. 지금까지 개발된 대표적인 인공 장기로는 인공 심장, 인공 신장, 인공 혈관, 인공 폐, 인공 뼈 등이 있습니다.

　이 중 인공 뼈와 인공 관절의 주재료는 금속이지만, 금속 이외의 재료로 합성 고분자 재료가 사용되고 있습니다. 그리고 손가락뼈의 관절처럼 작은 뼈에는 실리콘 수지가 사용되고 있습니다. 앞으로는 탄소 섬유로 강화한 실리콘 고무와 금속, 합성 고분자 재료를 복합한 복합 재료가 주류를 이룰 것으로 전망됩니다.

신장에 장애가 생겨 기능이 저하되면, 소변으로 배설되어야 할 요소와 크레아티닌 등의 노폐물이 혈액 속에 축적되어 요독증을 유발합니다. 이러한 혈액 속의 노폐물을 강제로 제거하는 장치가 인공 신장입니다. 혈액 투석법에 의한 인공 신장은 투석막이 들어있는 투석기(dialyzer), 투석용 액을 보내는 투석액 공급 장치, 그리고 투석의 안전성을 확보하기 위한 모니터로 구성되어 있습니다. 투석기에 사용되는 투석막은 혈액과의 적합성이 좋고, 여과에 의한 노폐물 제거 효과가 좋은 것이 바람직하여 합성 고분자 재료가 사용되고 있습니다.

혈관에 동맥 혹이나 대동맥 교착증 같은 질환이 생기면 경우에 따라서는 혈관을 단절하여 다시 연결하거나 인공 혈관을 연결하는 외과 수술을 필요로 합니다. 인공 혈관은 인체 안에서 기능을 수행하기 때문에 인체 혈관 같은 탄성과 혈관의 안쪽과 바깥쪽을 연결시킬 수 있는 특성을 가지고 있어야 합니다. 또한 인체 적합성과 멸균 조작에 따른 열과 약제 등에 대한 내성, 그리고 인체 안에 영구히 이식하기 위한 내구성 등도 가지고 있어야 합니다. 그러므로 그 재료로 합성 고분자 재료가 가장 유망합니다.

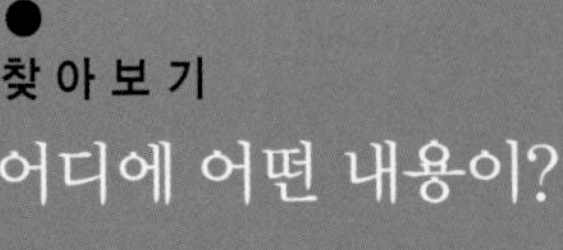

찾 아 보 기
어디에 어떤 내용이?

수학자가 들려주는 수학 이야기 (전 88권)

차용욱 외 지음 | (주)자음과모음

국내 최초 아이들 눈높이에 맞춘 88권짜리 이야기 수학 시리즈! 수학자라는 거인의 어깨 위에서 보다 멀리, 보다 넓게 바라보는 수학의 세계!

수학은 모든 과학의 기본 언어이면서도 수학을 마주하면 어렵다는 생각이 들고 복잡한 공식을 보면 머리까지 지끈지끈 아파온다. 사회적으로 수학의 중요성이 점점 강조되고 있는 시점이지만 수학만을 단독으로, 세부적으로 다룬 시리즈는 그동안 없었다. 그러나 사회에 적응하려면 반드시 깨우쳐야만 하는 수학을 좀 더 재미있고 부담 없이 배울 수 있도록 기획된 도서가 바로 〈수학자가 들려주는 수학 이야기〉 시리즈이다.

★ 무조건적인 공식 암기, 단순한 계산은 이제 가라! ★

- 〈수학자가 들려주는 수학이야기〉는 수학자들이 자신들의 수학 이론과, 그에 대한 역사적인 배경, 재미있는 에피소드 등을 전해 준다.
- 교실 안에서뿐만 아니라 교실 밖에서도, 배우고 체험할 수 있는 생활 속 수학을 발견할 수 있다.
- 책 속에서 위대한 수학자들을 직접 만나면서, 수학자와 수학 이론을 좀 더 가깝고 친근하게 느낄 수 있다.